數位色彩工程學
デジタル色彩工学

谷口　慶治　原編著

張　小牻　原著

汪　建志　編譯

全華圖書股份有限公司　印行

序 言

　　色彩是可為人類的肉眼所察覺到的電磁波（可見光）的頻譜。由馬克士威與赫茲發現電磁波，距今大約 1.5 個世紀，而作為色彩論之基礎的 3 原色理論由楊提出後（其後經過亥姆霍茲改良）至今約 2 個世紀。近年來，由於以半導體技術的突破為基礎，隨之發展的電腦技術與影像處理技術，造就了任誰都可以輕易地處理影像的環境。因此越來越需要色彩工程的基礎知識。

　　本書描述的是色彩工程應用於數位影像工程之相關內容。

　　本書的第 1 章、第 2 章，是解說關於第 3 章之後的內容所需要的色彩工程的基礎項目。與此相關的是在 1983 年發行的「影像處理：從基礎到應用（與恩師合著）」，是基於此內容來延伸的，對於色彩工程有興趣的讀者，可以利用當作是學習的概述。

　　本書的第 3 章至第 6 章，描述關於色彩工程在數位影像工程的應用例子。首先，在第 3 章是解說關於高畫質電視（HDTV）的標準、多媒體（sRGB）的標準，一些數位影像有關的國際標準。希冀相關的專家們能夠充分地瞭解這些內容後，應用於設備開發上。

　　第 4 章到第 6 章是利用很多的開發實例，對相關的色彩處理技術進行解說。在第 4 章，介紹繪圖技術中用到的螢幕、彩度、色相的調整技術，膚色的補償技術，藍色的擴展技術，以及 6 軸的色彩補償技術。在第 5 章，為了將色彩忠實地重現之技術：介紹白色點的表現、白平衡調整技術、色溫度調整技術、基於色域轉換的色彩重現技術。最後在第 6 章，介紹先進的多原色訊號處理技術。

序言

　　在此，從問題的提出到改良或解決為止的考量方法進行詳細地描述。這可為在開發新的色彩表現之演算法時候的提示；關於各種技術，因為使用演算法來定量地表現，可簡單地由讀者來實現，提供想要以軟體來測試演算法的效果之讀者一個能夠實現的方法。

　　如上，本書的內容是從色彩的基礎理論到應用演算法為止所組成，相信對於影像處理的專家或學生會是一本有用的參考書。

　　關於本書的描述，第 1 章和第 2 章是由谷口，第 3 章至第 6 章是張來負責，整體的調整是谷口來處理。

　　本書在撰寫的時候，參考了許多的著作、論文與資料。對於這些相關的各位在此表示深深的感謝。

　　最後，我要感謝協助關於本書出版的共立出版社社長南條光章先生、關照本人的瀨水勝良先生與相關的工作人員。

2012 年 11 月

谷口　慶治

譯 者 序

　　數年前由於液晶電視取代傳統映像管電視，加上許多國家的電視廣播系統由類比轉為數位，影音系統都已數位化；而 2014 年液晶電視更由高畫質推向 4K 的超高畫質境界。其中，無論是從零組件的面板、晶片、影像感測器、至系統層級的機上盒、電視、攝錄放影機，軟體方面的色彩調校、影像處理、繪圖等等，雖然各自都有獨特的技術與規格，但在色彩處理上都具有相同的原理。

　　多數坊間相關的著作所著墨偏向於各別的原理、單一的應用，所謂見樹不見林，少有讓讀者能夠通盤瞭解的書籍。

　　「數位色彩工程」的日文原著是由谷口慶治教授與 SHARP 的張小忙博士合著。這本書是從原理、規格到應用，涵蓋範圍極廣的著作。其中所提到的內容，從色彩原理、國際標準、色彩重現、編碼解碼、補償技術…等，能夠循序漸進地由理論切入到應用。從中可以瞭解到為何會有現在的國際標準、這些標準的內容重點、各種色域上的差異。無論是學生或從事影像相關產業都值得一讀的著作。

汪建志

2014 年 8 月 28 日

目 錄

目　錄

第 2 章　色彩的知覺與表色系

目 錄

第 3 章　數位影像的色彩重現與國際標準

目　錄

目　錄

第 4 章　數位影像的色彩補償技術

目 錄

第 5 章　數位影像的色彩重現技術

目 錄

第 6 章　多原色訊號處理技術

目　錄

第一章
光與視覺的關係

引言

本章描述有與光有關的內容

1.1 節是電磁波、光、色彩的關係，1.2 節描述可見光與色彩的關係，1.3 節是光的相關用語，1.4 節是視覺的詳細特性，1.5 節是一些關於光源的解說

1.1　電磁波、光與色彩的關係

如圖 1.1(a)所表示，電磁波(electromagnetic wave)由波長較長的一端順序為：無線電波(radio wave)、光(light)、以及 X 射線(X rays)、伽瑪射線(Gamma rays)、宇宙射線(cosmic rays)等等的放射線所組成。無線電波是電磁波裡面用作為無線通訊[*1]；光是紅外線、可見光、以及紫外光所組成，其中可見光是可為人眼所察覺，紅外線與紫外線則是無法以肉眼觀察到。

圖 1.1(b)是電磁波之中，可見光的波長所佔分佈相對表示。

可見光的波長是從 360nm（奈米，十的負九次方米）到 780nm。

輻射能量表示電磁波的輻射量大小，輻射通量代表單位時間內的輻射能量，定義如下列：

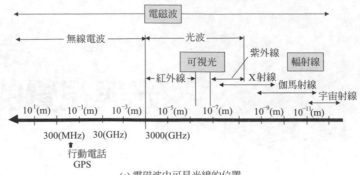

(a) 電磁波中可見光線的位置

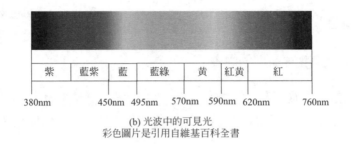

(b) 光波中的可見光
彩色圖片是引用自維基百科全書

圖 1.1 電磁波與可見光的關係

1.1.1 輻射能量（標記：W_e）

由輻射體以粒子或是電磁波的型態所釋放出的能量稱為輻射能量(radiant energy)；輻射能量的單位為焦耳(J, Joule)。

1.1.2 輻射通量（標記：ϕ_e）

單位時間內通過某一面的輻射能量，稱為對該面的輻射通量(radiant flux)。輻射能以 W_e(J) 表示，輻射通量以 ϕ_e 表示，則輻射通量的定義如下式

$$\phi_e \triangleq \frac{dW_e}{dt} \tag{1.1}$$

輻射通量的單位為瓦特(W, Watt)，「$\triangleq$」是定義的符號，在後續的定義皆使用此一記號。

電磁波的歷史[*10-12]

　　馬克士威(James Clerk Maxwell, 1831-1879, 英國)：1864 年以理論預言電磁波的存在。

　　亥姆霍茲(Hermann Ludwig Ferdinand von Helmholtz, 1821-1894, 德國)：同一時期推導出波動方程式。

　　赫茲(Heinrich Rudorf Hertz, 1857-1894, 德國)：1888 年證明了電磁波的存在。

（以上引用自維基百科）

1.2　可見光與色彩的關係

　　在電磁波之中僅有可見光是為人類肉眼所能查覺的「白色光」。圖 1.1(b)表示可見光分解為紫、藍紫、藍、藍綠、黃紅（橙）、紅各種顏色，由這些單色光(monochromatic light)的集合所組成。單色光依照波長順序排列，則被稱為光譜(spectrum)。

近代色彩理論的研究與光的關係[*13-15]

　　17 世紀至 18 世紀關於色彩理論的研究，首先爲

(1) 牛頓(Sir Issac Newton, 1642-1727, 英國)利用曲折率的不同將光線分解成
　　七種顏色，這是人類的感覺中樞可以感受到的顏色。

(2) 臨終前說「更多的光！(Mehr Licht)」的歌德(Johann Wolfgang von Goethe,
　　1749-1832, 德國)，在 1810 年發表之色彩理論，指出藍色與黃色是最基
　　本的顏色；另外，認爲色彩是光與暗之間相互作用所產生的。在這個年
　　代並不知道光就是電磁波，直到 1864 年馬克士威(J. C. Maxwell)的預言，
　　1888 年赫茲(Heinrich Hertz)的實證之前，尚未發現「光與電磁波的關係」。

　　作爲現代的電磁波之色彩理論，楊(Thomas Young, 1773-1829, 英國的物
理學家)於 1802 年發表，亥姆霍茲(Helmholtz, 1821-1894, 德國)繼續發展的三
原色理論(Tri-chromatic theory)成爲了基礎。

（以上引用自維基百科）

1.3　光的相關用語

　　先前所述，光是電磁波的頻譜之中可爲人類肉眼察覺到的部分。這一節將對
於本書中所用到各種與光的相關用語進行解說。

1.3.1　光譜輻射通量（頻譜分佈）（標記：$\phi_{e\lambda}$）

　　波長 λ 與 $\lambda + d\lambda$ 之間所輻射出的微小輻射通量以 $d\phi_e$ 表示，光譜輻射通量
(spectral radiant flux) $\phi_{e\lambda}$ 如下定義

$$\phi_{e\lambda} \triangleq \frac{d\phi_e}{d\lambda} \tag{1.2}$$

$\phi_{e\lambda}$ 是光譜分佈(spectral distribution)，單位是(W/m)。

1.3.2　光束/光通量（標記：F_t）

光通量（光束, luminous flux）代表輻射通量在映入肉眼所感受到（也就是視感度）的量。微小的輻射通量為 $d\phi_e$，視感度為 $K(\lambda)$，光通量表示如下

$$F_t \triangleq \ K(\lambda)d\phi_e \tag{1.3}$$

光通量的單位為流明(lumen, lm)。

1.3.3　光通量與光譜輻射通量的關係

由式(1.2)與式(1.3)得知，光通量 F_t 可用下列來表示

$$F_t \triangleq \ K(\lambda)\phi_{e\lambda}d\lambda \tag{1.4}$$

這裡的 $K(\lambda)$ 為視感度，$\phi_{e\lambda}$ 是光譜輻射通量。

1.3.4　視感度、光通量、輻射通量的關係

由式(1.3)，視感度(spectral luminous efficacy)表示如下

$$K(\lambda) = \frac{dF_t}{d\phi_e} \tag{1.5}$$

這裡的 F_t 是光通量(lm)，ϕ_e 是輻射通量(W)，因此 $K(\lambda)$ 的單位為(lm/W)。

圖 1.2 代表輻射通量（輸入）、視感度與光通量（輸出）的關係。

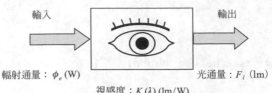

輸入　　　　　　　　　　　　　　　　　　輸出

輻射通量：ϕ_e(W)　　　　　　　　　　光通量：F_l (lm)

視感度：$K(\lambda)$ (lm/W)

圖 1.2　視感度、光通量、輻射通量的關係

　　圖 1.3 表示的是明亮處的視感度曲線（波長變化相對於視覺感受度的變化），相對白光的視感度，如圖中所表示，光波長在 555(nm, 奈米)的地方是最高的，以此較長或較短的波長都變得難以察覺。

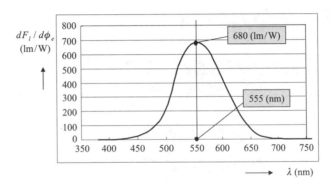

$dF_l / d\phi_e$
(lm/W)

680 (lm/W)

555 (nm)

λ (nm)

圖 1.3　明亮處的視感度曲線[*9]

1.3.5　比視感度

　　視感度 $K(\lambda)$ 如圖 1.3 所示，於波長 λ 在 555(nm)處爲最大值，此時的 $K(\lambda)$ 是 680(lm/W)。在此除以 K_m，以此值將視感度進行正規化(normalize)後則爲「比視感度(relative luminous efficiency)：$V(\lambda)$」。圖 1.4 是表示比視感度曲線。

$$V(\lambda) \triangleq \frac{K(\lambda)}{K_m} \tag{1.6}$$

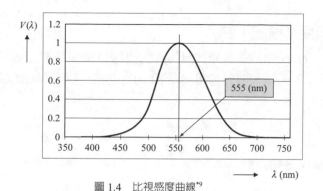

圖 1.4　比視感度曲線[*9]

比視感度曲線是心理上的物理量。此一曲線是在 1924 年由國際照明學會(CIE)發表的「251 位色覺正常者的平均值」所測量到的。(引用自文獻 3 的第 13 頁)

1.3.6　光度（標記：I）

光源對某方向照射，單位立體角所包含的光通量稱之為光度(luminous intensity)。如圖 1.5，光源照射到方向的微小立體角為 $d\omega$ (steradian, sr)，其中所包含的光通量為 dF_t(lm) 的話，光度 I 如下所定義

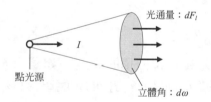

圖 1.5　光度的解說

$$I \triangleq \frac{dF_t}{d\omega} \qquad\qquad (1.7)$$

光度的單位為燭光(candela, cd)。

一般來說，光源都是用燭光當作標準單位。

1.3.7　照度（標記：E）

　　照度(illuminance)是垂直於被照物入射後每單位面積的光通量。被照物的微小面積為 $dA(\text{m}^2)$，而該入射光通量為 $dF_t(\text{lm})$，則照度 $E(\text{l}/\text{m})$ 的定義如下

$$E \triangleq \frac{dF_t}{dA} \tag{1.8}$$

照度的單位是勒克斯(lux, lx)。

1.3.8　光通量發散度（標記：M）

　　發散自某發射面之單位面積的光通量稱為光通量發散度(luminous emittance)。該發射面某點周圍的微小面積是 $dA(\text{m}^2)$，由該處發散的光通量為 $dF_t(\text{lm})$，則光通量發散度 M 定義為

$$M \triangleq \frac{dF_t}{dA} \tag{1.9}$$

光通量發散度的單位是勒克斯$[\text{1x}(\text{1m/m}^2)]$。譯註：$\text{lx} = \text{lm/m}^2$

1.3.9　輝度（標記：L_θ）

　　輝度(luminance)是每單位面積的光度。如圖 1.6，光源面的微小面積為 $dA(\text{m}^2)$，θ 方向之輝度 L_θ 則是，θ 方向的光度 dI_θ 與該方向的面積 $dA\cos\theta$ 的比。

$$L_\theta \triangleq \frac{1}{\cos\theta}\frac{dI_\theta}{dA} \tag{1.10}$$

輝度的單位是勒克斯(1x)。

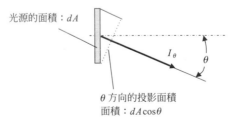

圖 1.6　輝度的說明

1.3.10　伽馬(gamma, γ)補償

數位相機的成像元件（CCD、CMOS 等等）的輸出入關係是非線性特性。入射光通量為 F_i，成像元件的輸出電流為 I，則關係式為下列

$$I = C(F_i)^{\gamma} \tag{1.11}$$

這裡的 C 是常數，而 $0.4 \leq \gamma \leq 0.8$。將式 1.11 的關係進行補償，成比例關係所進行的處理就是伽馬補償。

1.3.11　光的反射、透射與吸收

光對可以通過的物體照射後，如圖 1.7 所表示，其中有一部份的光會被物體的表面給反射，剩下的部分會進入物體的內部；進入內部的光可以分成被吸收的部分與透過的部分。在此，入射光是 F_0，反射光是 F_{γ}，透射光是 F_t，由物體內部所吸收的光為 F_{α}，它們之間成立的關係如下

$$F_0 = F_{\gamma} + F_t + F_{\alpha} \tag{1.12}$$

反射光、透射光、與吸收光相對於入射光的比，分別稱做為**反射率**(index of reflection)、**透射率**(index of transmission)以及**吸收率**(index of absorption)。記號依序為 R、T 以及 α 來表示，因此

$$R \triangleq \frac{F_{\gamma}}{F_0} \, , \ T \triangleq \frac{F_t}{F_0} \, , \ \alpha \triangleq \frac{F_{\alpha}}{F_0} \tag{1.13}$$

從式 1.12 與式 1.13，這些之間的關係可以表示成下列

$$R + T + \alpha = 1 \tag{1.14}$$

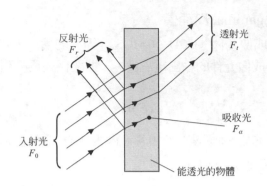

圖 1.7　光的反射、透射與吸收的關係

1.3.12　完全擴散面

　　無論從哪一個方向來看，輝度都是相等的表面稱為完全擴散面(surface of uniform diffuser)。在完全擴散面的輝度 L 與光通量發散度 M 之間有著如下列的關係

$$M = \pi L \tag{1.15}$$

例題 1.1

　　在完全擴散面的光源，垂直方向的微小面積 $dA(\mathrm{m}^2)$ 的光度為 dI_n，在 θ 方向的光度為 dI_θ 時，試求兩者之間的關係。

解答

　　設法線方向的輝度為 L_n，θ 方向的輝度為 L_θ，從式(1.10)得到

法線方向的輝度：$L_n \triangleq \dfrac{dI_n}{dA}$

θ 方向的輝度：$L_\theta \triangleq \dfrac{1}{\cos\theta}\dfrac{dI_\theta}{dA}$

如果是完全擴散面的話，$L_n = L_\theta$

因此 $\dfrac{dI_n}{dA} = \dfrac{1}{\cos\theta}\dfrac{dI_\theta}{dA}$ 而得到 $dI_\theta = dI_n \cos\theta$

這被稱爲蘭伯特餘弦法則(Lambert's cosine law)

1.3.13　完全擴散反射面

被光照射到、反射率 $R=1$ 的一面被稱爲完全擴散反射面(Perfect reflecting diffuser)。一般來說，反射率 R 之波長的函數爲 $R(\lambda)$ 。

例題 1.2

試求來自於反射率爲 $R(\lambda)$ 的物體的光通量

解答

由式(1.4)、(1.13)得到

$$F_r = F_0 R(\lambda) = \int R(\lambda)K(\lambda)\phi_{e\lambda}d\lambda$$

1.3.14　色溫度[*2]

(1) 概要

所有的物體的溫度在 0 度(K)以上的話，都會發光。此時輻射出的可見光的波長（色），由物體的溫度來決定。因此，可以「利用波長來表示溫度」。某輻射體的色度（參考第二章 2.3.3）與溫度爲 T(K) 的黑體(block body, 完全輻射體)的色度相等時，T(K) 則被稱爲該輻射體的色溫度(color temperature)。

(2) 黑體輻射

從馬克斯‧普朗克(Max Karl Ernst Ludwig Planck, 1858-1947, 引用自維基百科)的研究，公式如下列

來自於單位體積的黑體所輻射出光譜輻射通量爲

$$\phi_{e\lambda} = \frac{c_1}{\lambda^5} \frac{1}{\exp(c_2/\lambda T)-1} (\text{W}\cdot\text{m}^{-3})$$

(1.16)

在此 $c_1 = 3.74150 \times 10^{-16} (\text{W}\cdot\text{m}^2)$ ，$c_2 = 1.4388 \times 10^{-2} (\text{m}\cdot\text{K})$ 。

例題 1.3

試求波長 $\lambda = 1000(\text{nm})$，溫度 $T = 1000(\text{K})$ 時候，從單位體積之黑體所輻射出的光譜輻射通量 $\phi_{e\lambda}$ 。

解答

$$\frac{c_1}{\lambda^5} = \frac{3.74 \times 10^{29}}{\lambda^5} = \frac{3.74 \times 10^{29}}{(10^3)^5} \approx 3.74 \times 10^{14} (\text{W}/\text{m}^3)$$

$$\frac{c_2}{\lambda T} = 1.44 \times 10^7 (\frac{1}{10^3 \times 10^3}) \approx 14.4$$

$$e^{14.4} \approx 1.794 \times 10^6$$

$$\phi_{e\lambda} = 3.74 \times 10^{14} \times \frac{1}{1.79 \times 10^6} \approx 2.08 \times 10^8 (\text{W}\cdot\text{m}^{-3})$$

圖 1.8 是利用前一公式所計算的波長 λ 與 $\phi_{e\lambda}$ 的關係表示。

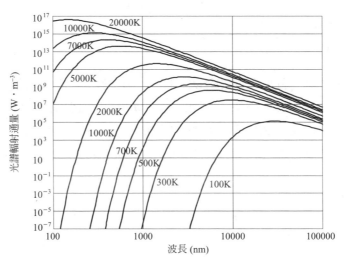

圖 1.8　黑體輻射的波長 λ 與光譜輻射通量 $\phi_{e\lambda}$ 的關係

根據上式 $\phi_{e\lambda}$ 為最大時候的波長 λ_m 為

$$\lambda_m = 2.8978 \times 10^{-3} / T \quad (\text{m}) \tag{1.17}$$

這裡的 $T(\text{K})$ 即是此輻射體的色溫度。

(3) 色溫度的測量方法

　(a)　利用色彩照度計等等的設備找出被測物的 x, y 色度值

　(b)　將 x, y 色度值變換為 u, v 色度值

　(c)　以所求到的 u, v 色度值，找出與其最接近的黑體輻射的 u, v 色度值

　(d)　算出此最接近之黑體輻射的 u, v 色度值相對應的絕對溫度 $T(\text{K})$

(4) 相關色溫度(Correlated Color Temperature, CCT)

　　用於黑體輻射之外，像是氙氣燈之類的放電發光、LED 之類的固態發光，這些非高溫的發光體。

1.4　視覺

1.4.1　由視覺所能得到資訊的性質[*2]

　　視覺，是可見光進入肉眼後所產生的感覺。根據視覺，可以得知物體的種類、顏色、形狀、紋理等等的資訊。以下列出與視覺的特性相關的主要項目。

(1)　視覺系統有兩種不同型態的光受器：視桿細胞(rod)與視錐細胞(cone)。
　　視錐細胞在明亮處看物體的時候運作，在這裡有三種對於光譜靈敏度不同的光受器，可以察覺色彩。
　　視桿細胞在昏暗處看物體的時候運作，在這僅存在一種光受器，所以沒有對色彩的感覺。

(2) 從視覺系統輸入後的圖像，是以顏色及輝度來表達。

(3) 在視覺系統將外界的三維空間資訊轉換為二維的平面空間的資訊（網膜像），因此，失去了深度方向的資訊。

(4) 從視覺系統所輸入的圖像在幾何上具有週期，週期的大小就以空間頻率(spatial frequency)來表示。

有的會使用視角每度的週期(cycle per degree, c/d)來當做空間頻率的單位。

(5) 由於雙眼所重疊的視野約為 120 度，因此會有雙眼立體視覺。

1.4.2　視覺的明暗特性[*2]

如前所述，人類視網膜的視覺細胞，在昏暗處（0.1 勒克斯以下），僅能感知亮度的視桿細胞(rod)，與在明亮處感知色彩的視錐細胞(cone)所組成。在視錐細胞具有可以感應紅、綠以及藍的三原色的三種細胞。

圖 1.9 是明亮處 $V(\lambda)$ 與昏暗處兩種的比視感度曲線：$V(\lambda)$ 以及 $V'(\lambda)$ 。

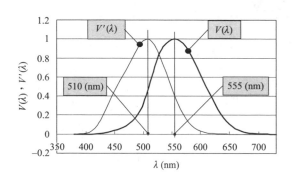

圖 1.9　明亮處與昏暗處的比視感度曲線[*9]

薄暮現象 (Purkinje phenomenon)[16]

從明亮處（亮處）移動到昏暗處（暗處）的情況下，光通量視感效率（比視感度）由 $V(\lambda)$ 變化至 $V'(\lambda)$。在此情況下，在亮處，相同亮度的紅色（可見光之中波長較長）與藍色（可見光之中波長較短），移動到暗處的時候，會產生紅色的明亮度比藍色還低之現象。

1.5　標準光源

1.5.1　標準光源的種類[2]

CIE 所定的標準光源有下列幾種

(1) 標準光源 D_{65}

包括了紫外光的波長，用來檢測物體顏色的光源，色溫度是 6504K(凱氏, Kelvin)。是 CIE 與 ISO 的標準光。

(2) 測色用輔助發光體 C

檢測物體的顏色所用的光源（北方天空的光），色溫度為 6774K。

(3) 標準光 A

使用白熾燈泡檢測物體顏色的光源，色溫度為 2856K。

(4) 標準光 B

太陽光的直射光，色溫度是 4874K。

1.5.2　標準光源的例子

標準光源必須要是高標準的「穩定性」與「再生性」。如圖 1.10 並用氙氣燈光源與氘燈光源可以得到範圍廣的光譜輻射照度特性。

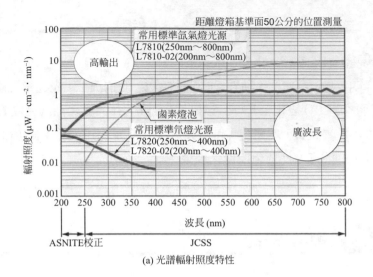

(a) 光譜輻射照度特性

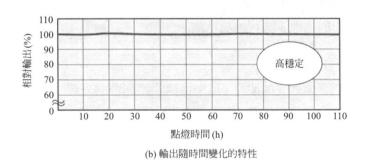

(b) 輸出隨時間變化的特性

圖 1.10　標準光源的例子

（摘自濱松光電的資料）

1.5.3　產生可見光的光源[*2]

A. 透過螢光燈的照明

　　螢光燈是利用管內的水銀蒸氣放電產生紫外光，照射到塗敷於管壁的「螢光粉」後，轉換為可見光的燈。

B. HID 燈

高亮度放電(HID: High Density Discharge)燈的統稱，在這裡有高壓水銀燈、金屬鹵化物燈等等。

(a) 高壓水銀燈

以 400 瓦(W)的水銀燈為例，各種輻射所造成的電力耗損如圖 1.11 所示。

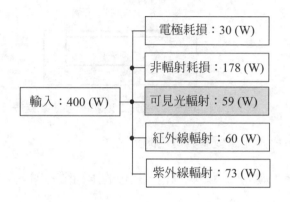

圖 1.11　光源的例子（引用自文獻 2 的圖 2.30）

以上所表示的燈，它的可見光輻射效率「（可見光輻射/輸入電力）×100」約為 15%左右。

(b) 金屬鹵化物燈

為了改良高壓水銀燈的光色與演色性，在水銀中添加金屬鹵化物而製成的燈。

C. 發光二極體[*6]

　　LED 與過去的光源比較起來，發光的波長範圍狹窄，無法使用單一個 LED 來產生白光；白光 LED 是兩色（互為補色）或者是三色（三原色）的光源所組合而成。關於這個方法，如同圖 1.12 的螢光體與發光波長更短的 LED 所組合而成，具體來說如下

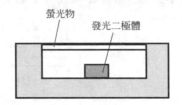

　　螢光物　　發光二極體

圖 1.12　利用螢光體與發光二極體所組合而成的方法

(1)　使用藍色發光二極體與黃色的螢光體

(2)　使用藍色發光二極體與綠色、紅色的兩種螢光體

(3)　使用紫外光發光二極體與藍色、綠色、紅色的三種螢光體

(4)　使用 RGB（紅、綠、藍）三種發光二極體

　　白光 LED 的發光組成，具有可見光的波長範圍，輻射效率最大約略在 34% 左右。此值與白熾燈泡的 10%、螢光燈管的 25% 比起來較佳。

參考文獻

(1) 照明學會編：照明手冊，第五章，1979

(2) 照明學會編：照明手冊，第二版，pp.7-24，pp.116-133，2003

(3) 大田登：色彩工程，第二版，pp.1-35，東京電機大學出版局，2001

(4) D. Christiansen: Electronics Engineers' Handbook, 4th Edition, p.1.45, p24.5, IEEE Press, 1997

(5) 尾崎弘，谷口慶治：影像處理—從基礎到應用，第二版，pp. 15-38，共立出版，1988

(6) http://ja.wikipedia.org/wiki/LED

(7) 谷口慶治編：影像處理工程，基礎篇，pp. 1-6，共立出版，1996

(8) 谷口慶治：天線與電波傳播，p.12，共立出版，2006

(9) CIE 15 Tables

(10) 馬克士威方程式，Wikipedia

(11) 海因里希・赫茲，Wikipedia

(12) 赫爾曼・馮・亥姆霍茲，Wikipedia

(13) 楊・亥姆霍茲的三色論，Wikipedia

(14) 約翰・沃爾夫岡・馮・歌德，Wikipedia

(15) 顏色，Wikipedia

(16)薄暮現象，Wikipedia

(17)http://jp.hamamatsu.com/products/light-source/pd033/index_ja.html

第二章
色彩的知覺與表色系

引言

　　本章探討關於色彩的知覺與表色系。2.1 節是視覺系統與色彩的知覺，2.2 節是表色系的種類，2.3 節是以混色來表示色彩，2.4 節是 CIE-XYZ 表色系，2.5 節是表色系的轉換，2.6 節則為透過均等色（均質色）空間的表色系，分別做解說。

2.1　視覺系統與色彩的知覺[*2, *3]

　　視覺系統是由眼球、視神經系統與大腦視神經區所組成。

2.1.1　眼球

　　眼球對應到影像系統是屬於相機的部分，圖 2.1 是參考自文獻中，經過簡化的眼球結構模型。在這裡將提及本書中必備的部分，對圖做解說。

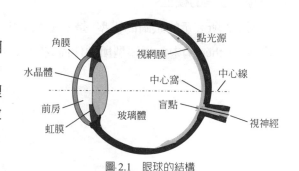

圖 2.1　眼球的結構

(1) 角膜與水晶體

　　由外界照射進來的可見光，通過角膜（在這裡接收屈折的 2/3）、前房、水晶體（焦距的調整）、玻璃體，在視網膜上顯像。眼球的角膜與水晶體是對應到相機的鏡頭部分。

(2) 虹膜

如同相機光圈的作用

(3) 視網膜

視網膜(retina)是由將光線轉換成神經訊號的光受器細胞（視桿細胞與視錐細胞），以及處理並傳遞神經訊號的水平細胞、雙極細胞所組成。

視桿細胞是圓筒狀的光受器細胞，密度在視網膜中心部分較少，由中心距離 20 度的周邊部分則是最多。視桿細胞在昏暗處的敏感度最高，但無法辨識顏色。

視錐細胞位於視網膜中心部分，被稱爲中心窩(fovea)的部分密度最高。這部分的視角是在中心兩度的地方。視錐細胞對於「紅、綠、藍」的光線有響應，視神經延伸到視網膜的部分沒有光受器細胞，因此無法感光，這部分被稱爲「盲點」(blind)。

(4) 訊號處理功能

視錐細胞與視桿細胞產生的訊號，透過細胞間的突觸傳導到水平細胞與雙極細胞。這之間所進行的處理包括了迴授，這部分包含了訊號處理的功能（訊號的反轉、加、減、非線性壓縮），對應到影像系統的前置處理系統。

(5) 訊號處理的模型

圖 2.2 所表示的眼睛的模型，是參考 Vos 和 Walraven 在 1971 年所提出的階段理論(stage theory)中色覺模型所製作而成的。

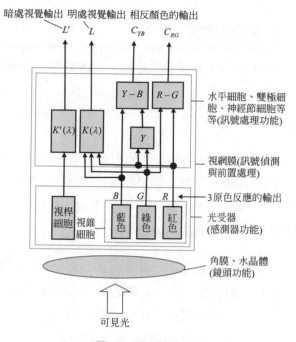

圖 2.2　眼睛的模型
（參考文獻 5　P.42 的圖 10（V_{os} 與 Walraven,1971 的模型）所組成）

2.1.2　視神經系統

視網膜內所處理過的視覺訊號，經由視神經細胞於視神經交叉部分左右分流，傳達到大腦的視神經區。

2.1.3　大腦視神經區

大腦視神經區是處理、辨識所傳送到的視覺訊號的部分。在這裡合成來自於左右眼的視網膜所接收到的訊號，對於明亮度、顏色、線段的斜率、影像的形狀、被觀測體的動態，來自於雙眼立體視覺對深度的感覺等等進行處理。這部分對應到影像處理的電腦視覺部分。

2.2　表色系的種類

表色系(color system)之中有顯色系(color appearance system)和混色系(color mixing system)。

2.2.1　顯色系

基於顏色知覺的三種心理上的屬性（色相、明度、彩度），以視覺上等間隔的系統化地排列，用顏色記號或編號之類來定量地作為表示的方法。日本色研的配色體系將孟塞爾色票作為典型，並以此作為應用。但是，顯色系無法表達連續的顏色，幾乎沒有使用於彩色畫面的訊號處理。

在這裡介紹孟塞爾色票，**色相**(hue)是表示顏色的種類（紅色、綠色、藍色等等的 10 種）；相同的顏色也有明亮的顏色與黯淡的顏色之分，表示為**明度**(lightenss)；同樣的顏色之中有鮮豔的顏色或單調的顏色，則表示為**彩度**(chroma)。這個的代表物是圖 2.3 所表示的孟塞爾(Munsell)表色系（色票）。

色票是以圓柱座標系統(cylindrical coordinate system)：（C, H, V）的形式來表示。表示的方法為，彩度 C 當作座標的半徑方向，色相 H 為圓周方向，明度 V 是縱軸（z 軸）方向，各別對應。彩度 C 在半徑方向以五等分表示，$C=0$ 是無彩色，$C=10$ 是最為鮮豔的顏色。色相 H 以基本色相，圓周方向（環狀）由紅色（R）、黃色（Y）、綠色（G）、藍色（B）以及紫色（P）五等分做排列。接著是以中間的色相紅黃色（YR）、黃綠色（GY）、藍綠色（BG）、藍紫色（PB）與紅紫色（RP）來五等分。另外，基本色相與中間色相的中間進行五等分，以 1 至 5 編號，總共可以表達 100 色的色相。顏色是色相 H、明度 V、彩度 C 的順序，以 HV/C 來表示。

例如，$H=1.7YR$、$V=7.4$、$C=4.2$ 的情況下，表示方式就如 1.7YR7.4/4.2 這樣。

觀測孟塞爾色票是使用標準光 C、白晝光或者是與這些相近的的照明光。

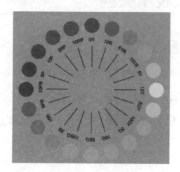

圖 2.3 孟塞爾顏色系統

2.2.2 混色系

基於光的混合理論,利用混和的比例來表現顏色的方法。由於混色系可以表示連續的顏色,彩色影像處理都使用此方式。

如圖 2.4 所示,進入眼簾的**色彩刺激**(color stimulus)是以紅(Red)、綠(Green)以及藍(Blue)之三種顏色,稱為「**三原色**(red, green, and blue primary color)」的混色方式來表達,這被稱為三**色表色系**(tri-chromatic system)。本書中即使用混色系。

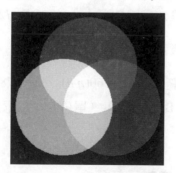

圖 2.4 紅、藍、綠的三原色與其混色

2.3   以混色來表示顏色

2.3.1   三色表色系的顏色訊號

如圖 2.2 所示，人類肉眼感應到的彩色光訊號，是三原色（R、G、B）的輸出為基礎。由三原色的混和（加法混色）所產生的彩色訊號 $\mathbf{C}$，是由紅色的彩色訊號 $\mathbf{C_R}$、綠色的彩色訊號 $\mathbf{C_G}$，以及藍色的彩色訊號 $\mathbf{C_B}$ 的加法混色所產生，表示為下列式子

$$\mathbf{C} = \mathbf{C}_R + \mathbf{C}_G + \mathbf{C}_B = \int_{\lambda t}^{\lambda m} \phi_{e\lambda} \mathbf{p}(\lambda) d\lambda \tag{2.1}$$

在此，$\mathbf{p}(\lambda)$ 是對應到第一章的式(1.3)的視感度，表示肉眼對顏色的感度。這個 $\mathbf{p}(\lambda)$ 是紅、綠與藍之三種的成分所構成。這些 $\mathbf{R}_0$、$\mathbf{G}_0$ 以及 $\mathbf{B}_0$ 為單位向量，$\overline{r}(\lambda)$、$\overline{g}(\lambda)$ 以及 $\overline{b}(\lambda)$ 當作係數分別代入，則表示為

$$\mathbf{p}(\lambda) = \overline{r}(\lambda)\mathbf{R}_0 + \overline{g}(\lambda)\mathbf{G}_0 + \overline{b}(\lambda)\mathbf{B}_0 \tag{2.2}$$

由上列兩個式子可得

$$\mathbf{C}_R = \int_{\lambda t}^{\lambda m} \phi_{e\lambda} \overline{r}(\lambda)\mathbf{R}_0 d\lambda \triangleq R\mathbf{R}_0 \text{、} \quad \mathbf{C}_G = \int_{\lambda i}^{\lambda m} \phi_{e\lambda} \overline{g}(\lambda)\mathbf{G}_0 d\lambda \triangleq G\mathbf{G}_0 \text{、}$$

$$\mathbf{C}_B = \int_{\lambda t}^{\lambda m} \phi_{e\lambda} \overline{b}(\lambda)\mathbf{B}_0 d\lambda \triangleq B\mathbf{B}_0 \tag{2.3}$$

在這裡所積分的波長範圍是 $\lambda_t = 360(nm)$、$\lambda_m = 780(nm)$。色彩的成分：R、G 及 B 分別與 $\mathbf{R}_0$、$\mathbf{G}_0$ 及 $\mathbf{B}_0$ 混合之量（單位量：以單位向量表示），關於這些將在後續作說明。

2.3.2   以三色表色系來表示顏色

任意的顏色，可由三種獨立的原刺激(reference stimuli)，也就是紅(red)、綠(green)以及藍(blue)的顏色，以某種比例加以混合（加法混色），來調色而成。這即是補充參考所描述之 Grassmann 的法則(Grassmann's law)。

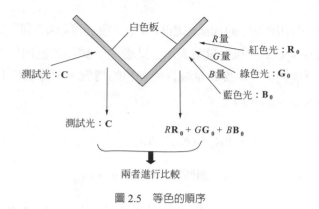

圖 2.5　等色的順序

　　圖 2.5 所表示的是三種原刺激：(紅、綠與藍) 經過加法混色後，與試驗光所做比較的情況。

補　充　參　考

Grassmann 的法則[*6]

　　由 Hermann Günter Grassmann(1809 – 1877, 德國的數學家、物理學家、語言學家)所發現與色彩的加法‧混色相關的法則。

(1) 比較法則：某兩種彩色光 C_1 與 C_2 是為等色時，分別對於色彩刺激的強度增加 K 倍的彩色光 KC_1 與 KC_2 之間的等色關係也是成立。

(2) 加法法則：某兩種彩色光 C_1 與 C_2 是為等色，另兩種彩色光 C_3 與 C_4 是為等色時，C_1 與 C_3 加法混合，以及 C_2 與 C_4 加法混合，兩者之間的等色關係也是成立的。

　　試驗光 C 加入圖中的白色板的左側，右側加入 3 種原刺激 R_0、G_0 及 B_0 (單位向量) 分別只與 R、G 及 B 量混合，加法混色後的光。之後色彩「C」與「$RR_0 + GG_0 + BB_0$」兩者進行比較，驗證其等色關係。本書中，等色的符號使用與一般數學式相同的等號「＝」。

根據補充參考中所說明的加法混色的法則，色彩可以如同圖 2.6 所示，三維的線性空間(linear space)中以向量來表示。此圖中，試驗色是向量 **C**，3 個原刺激 **R**$_0$、**G**$_0$ 及 **B**$_0$ 分別與 R、G 及 B 量混合後等色的情況。根據式(2.1)與式(2.3)，以下的等色式(color equation)成立。

$$\mathbf{C} = R\mathbf{R}_0 + G\mathbf{G}_0 + B\mathbf{B}_0 \tag{2.4}$$

上式的 R、G 及 B 被稱為**三刺激值**(tri-stimulus values)。

如同式(2.4)，由 R、G 及 B 三色來表達的方式被稱為 **RGB 表色系**(RGB color system)。

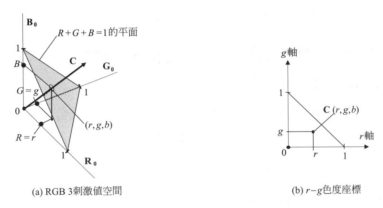

(a) RGB 3刺激值空間　　　　　　　　　　(b) r–g色度座標

圖 2.6　RGB 的三刺激值空間與 r-g 色度座標

例題 2.1

試驗色 **C** 裡原刺激之中的 **R**$_0$ 加上 R' 量進行混色。將這個與剩下的兩個原刺激：**G**$_0$ 加上 G 量，**B**$_0$ 加上 B 量之加法混色比較的情況做探討。

解答

等色式

$$C + R'\mathbf{R}_0 = G\mathbf{G}_0 + B\mathbf{B}_0$$

為成立，由此式得到的試驗色 C

$$C = -R'\mathbf{R}_0 + G\mathbf{G}_0 + B\mathbf{B}_0$$

因此，加在試驗色的原刺激量 R' 成為負的色彩（減色）。若 $R = -R'$，就與式 (2.4)一樣。

2.3.3　色度座標

如同式(2.4)，色彩的三維線性空間可用向量表示，根據此式兩個顏色 $C_1 = R_1\mathbf{R}_0 + G_1\mathbf{G}_0 + B_1\mathbf{B}_0$ 與 $C_2 = R_2\mathbf{R}_0 + G_2\mathbf{G}_0 + B_2\mathbf{B}_0$ 的三刺激值：若 R_1、G_1、B_1 的比例和 R_2、G_2、B_2 的比例都一樣，向量的方向相同，即為同樣的顏色。相對於此，若三刺激值的比例不同，向量方向不同，即為不同的顏色。

因此，由向量方向來表達顏色的方法被稱為**色度座標**(chromaticity coordinates)。

色度座標如同圖 2.6(a)，色彩 C 的向量：$C = R\mathbf{R}_0 + G\mathbf{G}_0 + B\mathbf{B}_0$ 與 $R + G + B = 1$ 的平面交叉的點，這被稱為**色度點**(chromaticity point)，此座標以 (r, g, b) 定義。求色度座標，上面的式子做如下的變換

$$C = R\mathbf{R}_0 + G\mathbf{G}_0 + B\mathbf{B}_0$$

$$= (R + G + B)\left[\frac{R}{(R+G+B)}\mathbf{R}_0 + \frac{G}{(R+G+B)}\mathbf{G}_0 + \frac{B}{(R+G+B)}\mathbf{B}_0\right]$$

$$= (R + G + B)(r\mathbf{R}_0 + g\mathbf{G}_0 + b\mathbf{B}_0) \tag{2.5}$$

由式(2.5)，C 與 $R + G + B = 1$ 之平面交叉的座標為 $R = r$，$G = g$，$B = b$，

(r, g, b) 可以由式(2.5)變成下列所示。

$$r = \frac{R}{R+G+B} \\ g = \frac{G}{R+G+B} \\ b = \frac{B}{R+G+B} \Bigg\}$$

$$\hspace{10cm} (2.6)$$

　　圖 2.6(b)是以上面的式子表示 r 與 g 的色度座標的 **r-g 色度圖**(chromaticity diagram)。由式(2.6)

$$r + g + b = 1 \hspace{8cm} (2.7)$$

成立。由此式可知，色度座標若 r、g 或是 b 之中的任意兩者確定的話，可以求得另一個。例如，紅色與綠色的色度座標分別為 $r = \frac{1}{3}$，$g = \frac{1}{3}$ 的時候，藍色的色度座標則是 $b = \frac{1}{3}$（參考圖 2.9 的色度圖的 W 點（白色點））。

2.3.4　單色光刺激與光譜三刺激值

　　以式(2.1)，由波長 λ 至 $\lambda + \Delta\lambda$ 的微小區間所產生的彩色光 **C** 代入 C_m 後表示為

$$C_m = \int_\lambda^{\lambda+\Delta\lambda} \phi_{e\lambda} p_\lambda \, d\lambda \approx \phi_{e\lambda} \Delta\lambda p_\lambda = \Delta\phi_e p_\lambda \hspace{3cm} (2.8)$$

這裡，$p_\lambda = \bar{r}_\lambda R_0 + \bar{g}_\lambda G_0 + \bar{b}_\lambda B_0$，$\Delta\phi_e = \phi_{e\lambda}\Delta\lambda$（參考式(2.1)）。微小波長幅度 $\Delta\lambda$ 的光 C_m 為**單色光刺激**「monochromatic stimulus，**光譜刺激**(spectrum stimulus)」，此 C_m 透過原刺激 R_0、G_0 及 B_0 之混色來配色的情況下，試驗光的微小輻射通量 $\Delta\phi_e = \phi_{e\lambda}\Delta\lambda = 1(W)$，$\Delta\lambda = 1(nm)$，波長範圍由 λ_t 開始，1(nm)的刻度至 λ_m 為止的單色光 C_m 所集合的彩色光：**C** 可由式(2.1)以及式(2.8)表示為下列

$$C = \sum_{i=\lambda t}^{\lambda m} (C_m) = \sum_{i=\lambda t}^{\lambda m} (p_\lambda)_i \ , \quad i = 360(\lambda t), 361, 362, \cdots\cdots, 780(\lambda m) \hspace{1cm} (2.9)$$

式中，$(\mathbf{p}_\lambda)_i = (\bar{r}_\lambda)_i \mathbf{R}_0 + (\bar{g}_\lambda)_i \mathbf{G}_0 + (\bar{b}_\lambda)_i \mathbf{B}_0$，$\bar{r}_\lambda$、$\bar{g}_\lambda$ 及 $\bar{b}_\lambda$ 為光譜刺激的三刺激值。對於單色光的 $\bar{r}_\lambda$、$\bar{g}_\lambda$ 及 $\bar{b}_\lambda$ 為**配色係數**(color matching coefficients)。色度座標被稱為**單色光色度座標**(spectral chromaticity coordinates)。

2.3.5　配色函數

由式(2.1)與式(2.3)，則

$$RR_0 + GG_0 + BB_0 = \int_{\lambda t}^{\lambda m} \phi_{e\lambda} \{\bar{r}(\lambda)\mathbf{R}_0 + \bar{g}(\lambda)\mathbf{G}_0 + \bar{b}(\lambda)\mathbf{B}_0\}d\lambda$$

光譜分佈 $\phi_{e\lambda}$ 的色刺激的三刺激值 R、G 及 B 如下列表示。

$$R = \int_{\lambda t}^{\lambda m} \phi_{e\lambda} \bar{r}(\lambda)d\lambda \, , \ G = \int_{\lambda t}^{\lambda m} \phi_{e\lambda} \bar{g}(\lambda)d\lambda \, , \ B = \int_{\lambda t}^{\lambda m} \phi_{e\lambda} \bar{b}(\lambda)d\lambda \tag{2.10}$$

上列式中，以波長 λ 的函數來表示之 $\bar{r}(\lambda)$、$\bar{g}(\lambda)$ 及 $\bar{b}(\lambda)$，被稱為 RGB 表色系的**配色函數**(color matching functions)。

2.3.6　混色的國際基準

用來做為基準的色刺激稱為**基礎刺激**(basic stimulus)，基礎刺激用測光量來表示，如下方式進行配色。

基礎刺激 $\mathbf{C}_W$ 藉由原刺激 $\mathbf{R}_0$、$\mathbf{G}_0$ 及 $\mathbf{B}_0$ 來配色。也就是

$$\mathbf{C}_W = R'\mathbf{R}_0 + G'\mathbf{G}_0 + B'\mathbf{B}_0 \tag{2.11}$$

其 R'、G' 及 B' 為式(2.4)中所說明的三刺激值。

此時的測光量以 P_R、P_G 及 P_B 代入時，上述的原刺激的單位量(luminous units)，被稱為明度係數 L_R、L_G 及 L_B，可由下列式子求出

$$L_R = \frac{P_R}{R} \, , \ L_G = \frac{P_G}{G} \, , \ L_B = \frac{P_B}{B} \tag{2.12}$$

如此的配色，**國際照明委員會**(CIE: The international Commission on Illumination)在 1931 年「標準的配色函數」做下列的制訂。

(1) 原刺激 $\mathbf{R}_0$、$\mathbf{G}_0$ 及 $\mathbf{B}_0$ 的波長，分別為 $\lambda_R = 700(nm)$、$\lambda_G = 546.1(nm)$ 及 $\lambda_B = 435.8(nm)$ 的單色光。

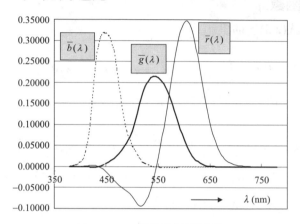

圖 2.7　RGB 表色系的配色函數

(2) 基本刺激是相同能量頻譜的白色刺激，此情況下，原刺激 $\mathbf{R}_0$、$\mathbf{G}_0$ 及 $\mathbf{B}_0$ 的明度係數以測光量為單位，為 1.0000、4.5907 及 0.0601。

此結果得到的 RGB 表色系的配色函數 $\bar{r}(\lambda)$、$\bar{g}(\lambda)$ 及 $\bar{b}(\lambda)$，如圖 2.7 所表示。由上可知，配色函數：$\bar{r}(\lambda)$、$\bar{g}(\lambda)$ 及 $\bar{b}(\lambda)$ 為單色光進行配色所需的原刺激 $\mathbf{R}_0$、$\mathbf{G}_0$ 及 $\mathbf{B}_0$ 之混合量所表示。

從圖 2.7 的資料，式(2.10)及式(2.6)，可以得到如同圖 2.8 一樣的單色光色度座標 $r(\lambda)$、$g(\lambda)$ 及 $b(\lambda)$。

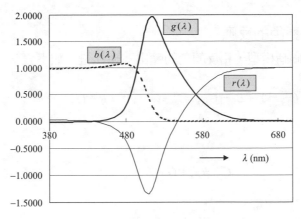

圖 2.8　單色光的色度座標

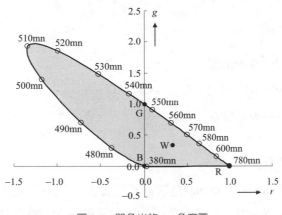

圖 2.9　單色光的 r-g 色度圖

另外，由於色度座標 r、g 及 b 之間存在如式(2.6)的關係，有用到圖 2.9 這樣的二維表達 r-g 色度圖。

2.3.7　相反顏色的反應

從圖 2.2 的眼睛模型，相反顏色的輸出（類比量）如下表示

$$C_{YB} = Y - B \text{ , } C_{RG} = R - G \text{ , } Y = R + G$$

從上式得知。

$$C_{YB} = R + G - B$$

在此 $C_{YB} \triangleq C_{RGB}$ ，則

$$C_{RGB} = R + G - B$$

以上列式子，則

$$
\begin{aligned}
&B = 0\,的情況：C_{RG0} = C_{RG} = R + G \\
&R = 0\,的情況：C_{0GB} = C_{GB} = G - B \\
&G = 0\,的情況：C_{R0B} = C_{RB} = R - B
\end{aligned}
\tag{2.13}
$$

2.3.8　減法混色

減法混色(subtractive mixing)是透過彩色濾片，將色素之類的光線吸收之媒介，重疊所產生。減法混色的三原色（R、G、B 的補色）為**黃色**(Yellow) Y、**洋紅**(Magenta) M、**青**(Cyan) C_y。這些三原色，以 R、G、B 之中兩個顏色組合而成，定義如下所示

$$Y \triangleq R + G \text{ , } C_y \triangleq G + B \text{ , } M \triangleq R + B \tag{2.14}$$

以上的式子，可對應到式(2.13)。如此的關係表示在圓周上，則如同圖 2.10 所表示。

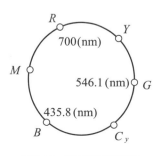

圖 2.10　相反顏色的表示

2.4　CIE-XYZ 表色系

2.4.1　CIE (1931) XYZ 表色系

圖 2.7 所表示的 RGB 表色系的配色函數具有負的部分，爲了消除這一部份，國際照明委員會(CIE)於 1931 年將座標轉換，制訂爲容易利用形式的表色系，這也就是 CIE (1931) XYZ 表色系。

以 CIE (1931) XYZ 表色系，頻譜分佈 $\phi_{e\lambda}$ 的配色函數以分別代入 $\bar{x}(\lambda)$、$\bar{y}(\lambda)$ 及 $\bar{z}(\lambda)$，色彩刺激的三刺激值 X、Y 及 Z，分別以下列表示。

$$\left.\begin{array}{l} X \triangleq k \int_{\lambda_1}^{\lambda_2} \phi_{e\lambda} \bar{x}(\lambda) d\lambda \\[2mm] Y \triangleq k \int_{\lambda_1}^{\lambda_2} \phi_{e\lambda} \bar{y}(\lambda) d\lambda \\[2mm] Z \triangleq k \int_{\lambda_1}^{\lambda_2} \phi_{e\lambda} \bar{z}(\lambda) d\lambda \end{array}\right\} \tag{2.15}$$

這裡的波長 $\lambda_1 = 360(nm)$，$\lambda_2 = 780(nm)$。另外，k 的值當 Y 的值與測光量相同的話就可以得出。

XYZ 表色系的配色函數：$\bar{x}(\lambda)$、$\bar{y}(\lambda)$ 及 $\bar{z}(\lambda)$ 是圖 2.11 樣的型態，其中 $\bar{y}(\lambda)$ 與比視感度曲線 $V(\lambda)$（參考圖 1.4）相同的話可以得出。

將 RGB 表色系轉換至 CIE (1931) XYZ 表色系的時候，三刺激值：X、Y 及 Z 以下列公式做計算。

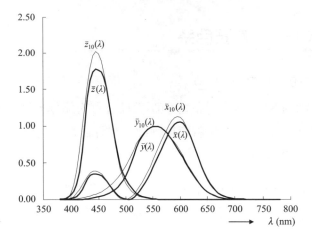

圖 2.11 CIE-XYZ 表色系的配色函數（引用文獻 9 所製作）

$$\begin{bmatrix} X \\ Y \\ Z \end{bmatrix} = \begin{bmatrix} 2.7689 & 1.7517 & 1.1302 \\ 1.0000 & 4.5907 & 0.0601 \\ 0.0000 & 0.0565 & 5.6943 \end{bmatrix} \begin{bmatrix} R \\ G \\ B \end{bmatrix} \tag{2.16}$$

這裡的 R、G 及 B 是 RGB 表色系的三刺激值。

以 CIE (1931) XYZ 表色系的三刺激值所表示的色度座標 x、y 及 z，如下所定義

$$\left. \begin{aligned} x &= \frac{X}{X+Y+Z} \\ y &= \frac{Y}{X+Y+Z} \\ z &= \frac{Z}{X+Y+Z} \end{aligned} \right\} \tag{2.17}$$

由上式子可得

$$x + y + z = 1 \tag{2.18}$$

x、y 及 z 之中，x 與 y 為直角座標，圖 2.12 被稱為 XYZ 表色系的 **xy 色度圖** (chromaticity diagram)。

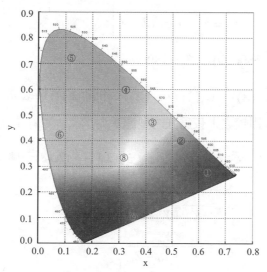

①紅　②橙　③黃　④黃綠　⑤綠　⑥藍綠　⑦藍　⑧白　⑨紅紫

圖 2.12　CIE 1931 色度圖

例如，圖 2.12 中 $x = \dfrac{1}{3}$、$y = \dfrac{1}{3}$ 的話，由式(2.14)得到 $z = \dfrac{1}{3}$。這是紅色、綠色及藍色以等比例混合，是圖中的⑧（白色點）。

2.4.2　CIE (1964)補助標準表色系

前面所提到的 CIE (1931) XYZ 表色系，是狹窄的視野（2 度視野）基於混色實驗所制訂的。但是實際中色彩的觀測，多數是在寬廣的視野所進行。因此，根據視感的色彩判別與透過 XYZ 表色系所表示的色彩不一致，原因是依照視野的廣度配色函數也有所變化。為了修正這個，國際照明委員會於 1964 年根據 10 度視野增訂了表色系，此表色系被稱為 CIE (1964)補助標準表色系。

在 CIE (1964)補助標準表色系，頻譜分佈 $\phi_{e\lambda}$ 的配色函數代入 $\bar{x}_{10}(\lambda)$、$\bar{y}_{10}(\lambda)$ 及 $\bar{z}_{10}(\lambda)$，色彩刺激的三刺激值 X_{10}、Y_{10} 及 Z_{10}，與前述相同的形式表示如下。

$$\left.\begin{array}{l} X_{10} \triangleq k \int_{\lambda_1}^{\lambda_2} \phi_{e\lambda} \bar{x}_{10}(\lambda)d\lambda \\[2mm] Y_{10} \triangleq k \int_{\lambda_1}^{\lambda_2} \phi_{e\lambda} \bar{y}_{10}(\lambda)d\lambda \\[2mm] Z_{10} \triangleq k \int_{\lambda_1}^{\lambda_2} \phi_{e\lambda} \bar{z}_{10}(\lambda)d\lambda \end{array}\right\} \tag{2.19}$$

在此，波長 $\lambda_1 = 360(nm)$，$\lambda_2 = 780(nm)$。

這個配色函數 $\bar{x}_{10}(\lambda)$、$\bar{y}_{10}(\lambda)$ 及 $\bar{z}_{10}(\lambda)$，如圖 2.11 所表示，波長較短的一邊與 CIE (1931)表色系相較之下較為強的型態。

色度座標 x_{10}、y_{10} 及 z_{10} 的計算方法，式(2.17)、(2.18)一樣地如下所見

$$\left.\begin{array}{l} x_{10} = \dfrac{X_{10}}{X_{10}+Y_{10}+Z_{10}} \\[3mm] y_{10} = \dfrac{Y_{10}}{X_{10}+Y_{10}+Z_{10}} \\[3mm] z_{10} = \dfrac{Z_{10}}{X_{10}+Y_{10}+Z_{10}} \\[3mm] x_{10}+y_{10}+z_{10}=1 \end{array}\right\} \tag{2.20}$$

2.5　表色系的轉換

本節對於先前所提到的 XYZ 表色系的推導方法進行解說。

2.5.1　原刺激的轉換

某原刺激 $\mathbf{R_0}'$、$\mathbf{G_0}'$ 及 $\mathbf{B_0}'$ 是由別的原刺激 $\mathbf{R_0}$、$\mathbf{G_0}$ 及 $\mathbf{B_0}$ 之加法混色配色而成。其之間的關係於下列關係式成立。

$$\mathbf{R_0}' = a_{11}\mathbf{R_0} + a_{12}\mathbf{G_0} + a_{13}\mathbf{B_0}$$
$$\mathbf{G_0}' = a_{21}\mathbf{R_0} + a_{22}\mathbf{G_0} + a_{23}\mathbf{B_0}$$
$$\mathbf{B_0}' = a_{31}\mathbf{R_0} + a_{32}\mathbf{G_0} + a_{33}\mathbf{B_0}$$

以行列式來表示，如下

$$\begin{bmatrix} \mathbf{R_0}' \\ \mathbf{G_0}' \\ \mathbf{B_0}' \end{bmatrix} = \begin{bmatrix} a_{11} & a_{12} & a_{13} \\ a_{21} & a_{22} & a_{23} \\ a_{31} & a_{32} & a_{33} \end{bmatrix} \begin{bmatrix} \mathbf{R_0} \\ \mathbf{G_0} \\ \mathbf{B_0} \end{bmatrix} = A \begin{bmatrix} \mathbf{R_0} \\ \mathbf{G_0} \\ \mathbf{B_0} \end{bmatrix} \tag{2.21}$$

這裡

$$A \triangleq \begin{bmatrix} a_{11} & a_{12} & a_{13} \\ a_{21} & a_{22} & a_{23} \\ a_{31} & a_{32} & a_{33} \end{bmatrix} \tag{2.22}$$

2.5.2　三刺激值的轉換

將色彩 $\mathbf{C}$ 的原刺激 $(\mathbf{R_0}, \mathbf{G_0}, \mathbf{B_0})$ 的三刺激值 (R, G, B)，變換至別的原刺激 $(\mathbf{R_0}', \mathbf{G_0}', \mathbf{B_0}')$ 之三刺激值 (R', G', B') 之時，這時候下列的關係式成立

$$\mathbf{C} = \mathbf{R_0}'R' + \mathbf{G_0}'G' + \mathbf{B_0}'B' = \mathbf{R_0}R + \mathbf{G_0}G + \mathbf{B_0}B$$

將上面的式子以行列式表示如下

$$\mathbf{C} = \begin{bmatrix} R' & G' & B' \end{bmatrix} \begin{bmatrix} \mathbf{R_0}' \\ \mathbf{G_0}' \\ \mathbf{B_0}' \end{bmatrix} = \begin{bmatrix} R & G & B \end{bmatrix} \begin{bmatrix} \mathbf{R_0} \\ \mathbf{G_0} \\ \mathbf{B_0} \end{bmatrix} \tag{2.23}$$

2.5.3　RGB 表色系轉換至 XYZ 表色系

將式(2.21)、式(2.23)，以

$$R' = X \quad , \quad G' = Y \quad , \quad B' = Z \quad , \quad \mathbf{R_0}' = \mathbf{X_0} \quad , \quad \mathbf{G_0}' = \mathbf{Y_0} \quad , \quad \mathbf{B_0}' = \mathbf{Z_0} \tag{2.24}$$

代入後為

$$\mathbf{X_0} = a_{11}\mathbf{R_0} + a_{12}\mathbf{G_0} + a_{13}\mathbf{B_0} \quad , \quad \mathbf{Y_0} = a_{21}\mathbf{R_0} + a_{22}\mathbf{G_0} + a_{23}\mathbf{B_0}$$

$$\mathbf{Z_0} = a_{31}\mathbf{R_0} + a_{32}\mathbf{G_0} + a_{33}\mathbf{B_0}$$

另外，色度座標為 (r_x, g_x, b_x)，(r_y, g_y, b_y)，(r_z, g_z, b_z) 的話，行列式的元素則為

$$a_{11} = R_x = S_x r_x \quad , \quad a_{12} = G_x = S_x g_x \quad , \quad a_{13} = B_x = S_x b_x \quad ,$$

$$a_{21} = R_y = S_y r_y \quad , \quad a_{22} = G_y = S_y g_y \quad , \quad a_{23} = B_y = S_y b_y \quad ,$$

$$a_{31} = R_z = S_z r_z \quad , \quad a_{32} = G_z = S_z g_z \quad , \quad a_{33} = B_z = S_z b_z \quad ,$$

$$S_x = R_x + G_x + B_x \; , \; S_y = R_y + G_y + B_y \; , \; S_z = R_z + G_z + B_z \tag{2.25}$$

得到下列式子

$$\begin{bmatrix} R & G & B \end{bmatrix} = \begin{bmatrix} X & Y & Z \end{bmatrix} \begin{bmatrix} S_x & 0 & 0 \\ 0 & S_y & 0 \\ 0 & 0 & S_z \end{bmatrix} \begin{bmatrix} r_x & g_x & b_x \\ r_y & g_y & b_y \\ r_z & g_z & b_z \end{bmatrix} \tag{2.26}$$

$$\begin{bmatrix} X & Y & Z \end{bmatrix} = \begin{bmatrix} R & G & B \end{bmatrix} \begin{bmatrix} S_x & 0 & 0 \\ 0 & S_y & 0 \\ 0 & 0 & S_z \end{bmatrix}^{-1} \begin{bmatrix} r_x & g_x & b_x \\ r_y & g_y & b_y \\ r_z & g_z & b_z \end{bmatrix}^{-1} \tag{2.27}$$

2.5.4　轉換為 XYZ 表色系的數值計算

原刺激 $\mathbf{X}_0$、$\mathbf{Y}_0$ 及 $\mathbf{Z}_0$ 如圖 2.13 一樣，由 CIE 所制訂，在 r-g 色度圖包含所有頻譜軌跡，滿足下列條件。

(1) 使用白色光做基本刺激

(2) 原刺激的明度係數 $\mathbf{X}_0$，及 $\mathbf{Z}_0$ 的明度係數為 0，$\mathbf{Y}_0$ 的明度係數為 1。

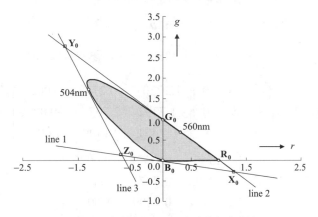

圖 2.13　由直線逼近的單色光的色度曲線

因此，式(2.15)中 $\overline{y}(\lambda) = V(\lambda)$。

圖中 line 1 的方程式是 $L_C = R + 4.5907G + 0.0601B$，無明度面（$L_C = 0$）則可表示為 $R + 4.5907G + 0.0601B = 0$。由式 (2.6) 知 $r + g + b = 1$，從此兩式得到 $r + 4.5907g + 0.0601(1 - r - g) = 0$。

經過整理後，可得 $0.9399r + 4.5306g + 0.0601 = 0$，這就是 line 1 的方程式。

(3) 原刺激 $\mathbf{X}_0$ 及 $\mathbf{Y}_0$ 連結的直線，波長較長的一側與頻譜軌跡相同（圖中的 line 2）。

(4) 原刺激 $\mathbf{Y}_0$ 及 $\mathbf{Z}_0$ 連結的直線，於頻譜軌跡的曲率在最小 $\lambda = 504\text{(nm)}$ 的色度點，與頻譜軌跡相交。（圖中的 line 3）

(5) 滿足上述條件的原刺激 $\mathbf{X}_0$、$\mathbf{Y}_0$ 及 $\mathbf{Z}_0$ 之色度座標，如下所示。

$$\mathbf{X}_0 : r_x = 1.2750 \text{，} g_x = -0.2778 \text{，} b_x = 0.0028$$
$$\mathbf{Y}_0 : r_y = -1.7392 \text{，} g_y = 2.7671 \text{，} b_y = -0.0279$$
$$\mathbf{Z}_0 : r_z = -0.7431 \text{，} g_z = 0.1409 \text{，} b_z = 1.6022$$

(6)　$R = G = B = 1$　$X = Y = Z = k$ 的情況下（k 參考式(2.15)），由式(2.26)得

$$\begin{bmatrix} 1 & 1 & 1 \end{bmatrix} = k \begin{bmatrix} 1 & 1 & 1 \end{bmatrix} \begin{bmatrix} S_x & 0 & 0 \\ 0 & S_y & 0 \\ 0 & 0 & S_z \end{bmatrix} \begin{bmatrix} 1.2750 & -0.2778 & 0.0028 \\ -1.7392 & 2.7671 & -0.0279 \\ -0.7431 & 0.1409 & 1.6022 \end{bmatrix}$$

$$\begin{bmatrix} 1 & 1 & 1 \end{bmatrix} = k \begin{bmatrix} S_x & S_y & S_z \end{bmatrix} \begin{bmatrix} 1.2750 & -0.2778 & 0.0028 \\ -1.7392 & 2.7671 & -0.0279 \\ -0.7431 & 0.1409 & 1.6022 \end{bmatrix}$$

$$\begin{bmatrix} S_x & S_y & S_z \end{bmatrix} = \frac{1}{k} \begin{bmatrix} 1 & 1 & 1 \end{bmatrix} \begin{bmatrix} 1.2750 & -0.2778 & 0.0028 \\ -1.7392 & 2.7671 & -0.0279 \\ -0.7431 & 0.1409 & 1.6022 \end{bmatrix}^{-1}$$

$$\begin{bmatrix} S_x & S_y & S_z \end{bmatrix} = \frac{1}{k} \begin{bmatrix} 1 & 1 & 1 \end{bmatrix} \begin{bmatrix} 0.9088 & 0.0912 & 0.000 \\ 0.5749 & 0.4188 & 0.0063 \\ 0.3709 & 0.0055 & 0.6236 \end{bmatrix}$$

$$= \frac{1}{k} \begin{bmatrix} 1.8495 & 0.5155 & 0.6239 \end{bmatrix}$$

(7)　k 值的計算。

式(2.12)、(2.15)以及 $\overline{y} = V(\lambda) = 1$ 得到 $L_R + L_G + L_B = k(L_X + L_Y + L_Z)$。

在此，$L_R = 1$，$L_G = 4.5907$，$L_B = 0.0601$，$L_X = 0$，$L_Y = 1$，$L_Z = 1$。因此 $k = 5.6508$。

(1) 計算式

$$A = \begin{bmatrix} a_{11} & a_{12} & a_{13} \\ a_{21} & a_{22} & a_{23} \\ a_{31} & a_{32} & a_{33} \end{bmatrix}，\ |A| \neq 0$$

　　的時候具有反矩陣，反矩陣 A^{-1} 如下。

$$A^{-1} = \frac{1}{|A|} \begin{bmatrix} A_{11} & A_{21} & A_{31} \\ A_{12} & A_{22} & A_{32} \\ A_{13} & A_{23} & A_{33} \end{bmatrix} = \frac{1}{|A|} \begin{bmatrix} A_{11} & A_{12} & A_{13} \\ A_{21} & A_{22} & A_{23} \\ A_{31} & A_{32} & A_{33} \end{bmatrix}^{T} = \frac{1}{|A|} \begin{bmatrix} D_{11} & -D_{12} & D_{13} \\ -D_{21} & D_{22} & D_{23} \\ D_{31} & -D_{32} & D_{33} \end{bmatrix}^{T}$$

　　這裡，$|A| = a_{11}A_{11} + a_{12}A_{12} + a_{13}A_{13}$ ，$A_{ij} = (-1)^{i+j} D_{ij}$ 。

(2) 反矩陣的運算例子

$$A^{-1} = \begin{bmatrix} 1.2750 & -0.2778 & 0.0028 \\ -1.7392 & 2.7671 & -0.0279 \\ -0.7431 & 0.1409 & 1.6022 \end{bmatrix}^{-1} = \frac{1}{|A|} \begin{bmatrix} D_{11} & -D_{12} & D_{13} \\ -D_{21} & D_{22} & D_{23} \\ D_{31} & -D_{32} & D_{33} \end{bmatrix}^{T}$$

　　(i) 矩陣的運算

$$|A| = \begin{vmatrix} 1.2750 & -0.2778 & 0.0028 \\ -1.7392 & 2.7671 & -0.0279 \\ -0.7431 & 0.1409 & 1.6022 \end{vmatrix}^{-1}$$

$$= 1.2750 \begin{vmatrix} 2.7671 & -0.0279 \\ 0.1409 & 1.6022 \end{vmatrix} + 0.2778 \begin{vmatrix} -1.7392 & -0.0279 \\ -0.7431 & 1.6022 \end{vmatrix}$$

$$+\ 0.0028 \begin{vmatrix} -1.7392 & 2.7671 \\ -0.7431 & 0.1409 \end{vmatrix}$$

$$= 1.2750(4.4334476 + 0.0037391) + 0.2778(-2.7865462 - 0.0207324)$$

$$+ 0.0028(-0.2450532 + 2.056232) = 4.8828672$$

(ii) $\begin{bmatrix} D_{11} & -D_{12} & D_{13} \\ -D_{21} & D_{22} & D_{23} \\ D_{31} & -D_{32} & D_{33} \end{bmatrix}^{T}$ 的計算

$$D_{11} = \begin{vmatrix} 2.7671 & -0.0279 \\ 0.1409 & 1.6022 \end{vmatrix} = 4.4373787 \ , \quad D_{12} = \begin{vmatrix} -1.7392 & -0.0279 \\ -0.7431 & 1.6022 \end{vmatrix} = -0.7510466 \ ,$$

$$D_{13} = \begin{vmatrix} -1.7392 & 2.7671 \\ -0.7431 & 0.1409 \end{vmatrix} = 1.8111788 \ ,$$

$$D_{21} = \begin{vmatrix} -0.2778 & 0.0028 \\ 0.1409 & 1.6022 \end{vmatrix} = -0.4454856 \ , \quad D_{22} = \begin{vmatrix} 1.2750 & 0.0028 \\ -0.7431 & 1.6022 \end{vmatrix} = 2.0448856 \ ,$$

$$D_{23} = \begin{vmatrix} 1.2750 & -0.2778 \\ -0.7431 & 0.1409 \end{vmatrix} = -0.0267856 \ ,$$

$$D_{31} = \begin{vmatrix} -0.2778 & 0.0028 \\ 2.7671 & -0.0279 \end{vmatrix} = 0.0000028 \ , \quad D_{32} = \begin{vmatrix} 1.2750 & 0.0028 \\ -1.7392 & -0.0279 \end{vmatrix} = 0.0307028 \ ,$$

$$D_{33} = \begin{vmatrix} 1.2750 & -0.2778 \\ -1.7392 & 2.7671 \end{vmatrix} = 3.0449028$$

$$A^{-1} = \frac{1}{4.8828672} \begin{bmatrix} 4.4373787 & 0.4454856 & 0.0000028 \\ 2.8072786 & 2.0448856 & 0.0307028 \\ 1.8111786 & -0.0267856 & 3.0449028 \end{bmatrix}$$

$$\approx \begin{bmatrix} 0.9088 & 0.0912 & 0.0000 \\ 0.5749 & 0.4188 & 0.0063 \\ 0.3709 & 0.0055 & 0.6236 \end{bmatrix}$$

2.6　透過均等色彩（均質色彩）空間的表色系[*1,*2]

RGB 或者是 XYZ 表色系可將色彩以色度作爲表示，缺點是無法表現出色度與色名的關係。也就是說，實體上的色彩空間與心理上的距離不是對應的。在圖 2.12 所表示的 CIE 1931 色度圖上，三刺激值當中與 Y 之值相等的兩個顏色，其色度空間上的幾何距離，無法與色差的感覺成比例。

圖 2.14 所表示的是 x-y 色度圖上可以區分的兩色之差異（明顯的差異）的十倍（基於 D. L. Mac Adam 的實驗）。如圖所表示，被指定的色度點之兩個顏色的明顯差異可識別的界線）是橢圓形，色度的大小是根據橢圓的大小與方向有所不同。這個橢圓在色度圖上無論被放在哪個部分，經過座標轉換幾乎都是相同大小的話，得到的色度圖在色度差異感上很均勻。

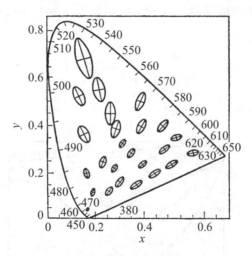

圖 2.14　Mac Adam 的色度辨識橢圓（引用自文獻 1 的圖 4.23）

以此方式所得到的爲**均等色彩空間**(uniform color space)。在均等色彩空間，CIE 制訂了幾個色彩空間。接下來，將對於這些色彩空間進行描述。

David Lewis MacAdam(1910 – 1998)
　　在測色、色彩的辨識等等的領域有重要貢獻的美國的物理學家，特別是 MacAdam 橢圓所出名。(出處：http://en.wikipedia.org/wiki/David_MacAdam)

2.6.1　CIE 1960 UCS 色度圖

UCS(uniform chromaticity scale)色度圖於 1960 年由 Mac Adam 提案，為 CIE 所採用。CIE 1960 UCS 色度圖，是由 XYZ 表色系經過下列的座標轉換所得到

$$u = \frac{4X}{X+15Y+3Z} \quad , \quad v = \frac{6Y}{X+15Y+3Z} \tag{2.28}$$

CIE 1960 UCS 色度圖關於 u、v，於 1976 年如下的修正，制訂為 CIE 1976 UCS 色度圖。

$$u' = u \quad , \quad v' = 1.5v \tag{2.29}$$

圖 2.15 表示的是 u、v 色度圖。

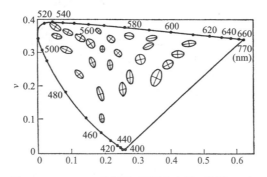

圖 2.15　CIE-UCS 色度圖（引用自文獻 1 的圖 2.16）

2.6.2　　CIE 1964 U*V*W*色度圖

　　CIE 1964 U*V*W*色度空間，是在前述的 uv 色度圖加上明度軸的三維空間中，以下列的座標轉換所得到

$$
\left.
\begin{array}{l}
W^* = 25Y^{\frac{1}{3}} - 17 \\[2mm]
U^* = 13W^*(u - u_0) \\[2mm]
V^* = 13W^*(v - v_0)
\end{array}
\right\}
\tag{2.30}
$$

　　在此，u、v 是透過式(2.28)所求目標的色度座標，u_0、v_0 是完全擴散面的色度座標。

　　這種情況，座標 (U_1^*, V_1^*, W_1^*) 與 (U_2^*, V_2^*, W_2^*) 之色差由下所定義。

$$
\Delta E = \{(\Delta U^*)^2 + (\Delta V^*)^2 + (\Delta W^*)^2\}^{\frac{1}{2}}
$$

這裡 $\Delta U^* = U_1^* - U_2^*$，$\Delta V^* = V_1^* - V_2^*$，$\Delta W^* = W_1^* - W_2^*$。

2.6.3　　CIE 1976 L*a*b*色度圖

　　CIE 1976 L*a*b*色度空間是經過下列的座標轉換所得到的

$$
\left.
\begin{array}{l}
L^* = 116(\dfrac{Y}{Y_0})^{\frac{1}{3}} - 16 \\[4mm]
a^* = 500[(\dfrac{X}{X_0})^{\frac{1}{3}} - (\dfrac{Y}{Y_0})^{\frac{1}{3}}] \\[4mm]
b^* = 200[(\dfrac{Y}{Y_0})^{\frac{1}{3}} - (\dfrac{Z}{Z_0})^{\frac{1}{3}}]
\end{array}
\right\}
\tag{2.31}
$$

　　這裡的 X、Y、Z 是目標色刺激的三刺激值，X_0、Y_0、Z_0 是完全擴散反射面的三刺激值，$\dfrac{X}{X_0}$、$\dfrac{Y}{Y_0}$、$\dfrac{X}{X_0} > 0.008856$，$Y_0 = 100$。此色度空間對於暗色有修正公式[*5]。

2.6.4　CIE 1976 L*u*v*色度圖

CIE 1976 L*u*v*色度空間是經過下列的座標轉換所得到的

$$\left.\begin{array}{l} L^* = 116(\dfrac{Y}{Y_0})^{\frac{1}{3}} - 16 \\[3mm] u^* = 13L^*(u - u_0) \\[3mm] v^* = 13L^*(v - v_0) \end{array}\right\} \tag{2.32}$$

這裡的 Y 是目標的三刺激值，$Y_0 = 100$，u、v 是透過式(2.28)所求的目標的色度座標，u_0、v_0 是完全擴散面的色度座標。

2.6.5　其他經過改良的色度圖

可對應視覺系統的非線性反應之其餘均等色彩空間有[*2]

(1) NC-IIIC 均等色彩空間

(2) Hunt 的色覺模型

(3) 倉庫的色覺模型

(4) CIECAM 97s

關於這些模型

(1) 是 CIE 1976 L*a*b*色度空間的改良型，是考量到非線性反應與相反顏色的反應特性之模型。

(2) 是改良相反顏色的反應，補償導入稱為「顏色的強度」的度量。

(3) 與(2)相同補償顏色的強度，在補償函數上有所不同。

(4) 是加入擷取自(2)與(3)特性的模型。

參考文獻

(1) 照明學會編：照明手冊, 第五章, 1979

(2) 照明學會編：照明手冊，第二版，pp. 17-51，2003

(3) 家庭醫學大百科，p.471，主婦之友出版社，1993

(4) http://ja.wikipedia.org/wiki：盲點

(5) 大田登：色彩工程，第 2 版，pp.9-209，東京電機大學出版局，2001

(6) http://zh.wikipedia.org/wiki/格拉斯曼定律_(色彩)

(7) 尾崎弘，谷口慶治：圖像處理─從基礎到應用，第二版，pp.15-38，共立出版，1988

(8) 佐武一郎：線性代數，p.28，共立出版，2001

(9) CIE 15：2004 COLORIMETRY, 3rd EDITION

第三章
數位影像的色彩重現與國際標準

引言

　　隨著影像器材的數位化，與其相關的國際標準都從類比轉移到數位。相關的數位訊號處理，並非僅能在硬體上，也可以透過軟體來實現，而可以實現較於類比訊號更為複雜的色彩重現演算法。隨之，相機與掃描器等等的輸入系統、顯示器等等的顯示系統，以及列表機等等的印刷系統，作為這些影像裝置的共通標準的國際標準也被制訂出來。

　　這些的國際標準，將影像的錄製、傳送以及裝置間的通訊化為可能。例如，「sRGB」這樣的標準，採取配合使用者端用途或性能而能夠選擇使用影像資訊之設計，因此，提供了製造端將商品進行差異化的空間。本章基於色彩的基本理論並考量影像器材的特性，以特殊的視角對於國際標準的內容進行說明。

3.1　基於三原色理論之色彩重現系統的考量

3.1.1　CIE 1931 XYZ 表色系與色彩重現的關係

　　CIE 1931 XYZ 表色系（參考第 2 章 2.4）是根據將色彩做定量的表示基準，CIE 最早所制訂的表色系，以具體的色度座標，可以制定出唯一的色彩。如圖 3.1 所示，利用相機或掃描器之類的輸入設備來拍攝主體；然後將色彩以 XYZ 形式的影像資料紀錄，利用螢幕或列表機將 XYZ 所表現的色彩重現，就是能夠將攝影主體重現。

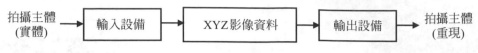

圖 3.1　理想的色彩重現系統的組成

　　但 XYZ 的三原刺激是由 RGB 的三原刺激經過座標轉換的量，並非存在的原刺激。考慮到後面所描述到的影像顯示裝置的伽馬特性，爲了以有限的資料量將畫面以良好的精確度表示，需要對 RGB 的三原色進行伽馬補償。因此，根據三原刺激利用加法混色所調出的實際色光，此實際色光所對應的三刺激值 RGB 則成必須的。考慮到與裝置無關的 XYZ 的特性，若制訂出基於實際的三原色 RGB 資料之標準的話，就可以爲各種的影像裝置所應用。在此，以實際的彩色光所組成的三原色之 RGB 當作原刺激，試著找出進行加法混色來創造出色彩的方法。

　　XYZ 表色系有 2 度觀察者（CIE 1931）與 10 度觀察者（CIE 1964）；本章使用的是 CIE 1931 XYZ 表色系。另外 R_0、G_0、B_0 或 X_0、Y_0、Z_0，一般被稱作爲原色，在**測色學**(colorimetry)被稱爲原刺激。在這裡，原色與原刺激兩種用語會根據需要併用。

3.1.2　基於使用單色光的原刺激的混色方法將色彩重現的原理

　　如果是對於色彩有興趣的人們，將自然會想到使用 CIE 1931 XYZ 表色系的前身、RGB 表色系的三原刺激，以加法混色來產生色彩。圖 3.2 的閉曲線裡右側的三角形，是使用 R_0[700 nm], G_0[546.1 nm], B_0[435.8 nm] 之三原色，表示出可以重現色彩的區域。

　　圖中三角形外側的色彩，不使用負的 R（紅色）而不能配色，無法合成。實際上，rgb 配色函數中不僅僅是 r，連 g 和 b 都有負的部分。對於試驗色 C，式(2.4)的配色式

$$C = R\mathbf{R}_0 + G\mathbf{G}_0 + B\mathbf{B}_0$$

　　是成立的，在此使用三刺激值的 R、G、B 符號來描述。另外，關於 XYZ 表色系，RGB 表色系也是用同樣的方法來描述。

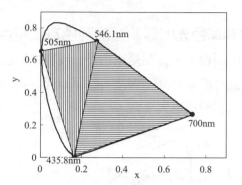

圖 3.2　透過混色可產生的色彩範圍：例一

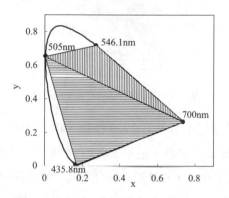

圖 3.3　透過混色可產生的色彩範圍：例二

　　在此，為了擴大透過混色所能產生的色彩範圍，試著將原刺激的數量增加。圖 3.2 是表示增加波長 505 nm 的原刺激之例子。波長：546.1 nm、505 nm 以及 435.8 nm 的光所產生的色彩，是圖中縱線三角形所表示的範圍。

　　另一個四原刺激：700 nm、546.1 nm、505 nm 以及 435.8 nm 所產生出之色彩範圍，擴大為以這 4 個原刺激為頂點的四邊形。由上面所描述的，圖 3.2 所表示的 2 個三角形上之色彩，能夠透過於三角形頂點的三原色加法混色產生。利用這個，則可能產生更多的色彩。

　　圖 3.3 是使用相同的 4 刺激，加法混合與圖 3.2 不同 3 原刺激組合，來產生的色彩範圍。因此，透過原刺激的數量和該色度座標，來決定能夠重現色彩的範圍。

3.1.3　　基於使用非單色光的原刺激的混色方法將色彩重現

　　前面混色所使用的原色，全部都是單色光。現實中單色光的產生比起非單色光來說，發光效率較差且成本較高。因此，除了研究等等用的雷射顯示器，非單色光作爲原刺激的顯示器較爲絕大多數。

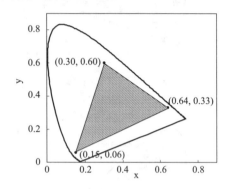

圖 3.4　透過非單色光的三原色混色

　　圖 3.4 所表示的是使用 ITU-R BT.709 標準，IEC 61966-2-1 標準（俗稱 sRGB 標準），以及 IEC 61966-2-4 標準（俗稱 xvYCC 標準），透過 3 原刺激之色彩表現範圍。圖 3.4 的原色因爲是在 CIE 1931 xy 色度座標的馬蹄形內側，明顯地是屬於非單色光，而不是單色光。在 3 原色的色度座標爲頂點的三角形之內是透過混色能夠重現色彩的範圍，三角形之外的色彩無法表現。

　　另外，如圖 3.2 與圖 3.3，利用三個以上的原刺激之色彩重現範圍，是在這些原刺激的色度座標所構成的多邊形範圍之內，多邊形的範圍之外的色彩，以這些原刺激無法重現。

3.2　XYZ 3 原色與 RGB 3 原色的關係與相互轉換

如圖 3.2、圖 3.3 以及圖 3.4 所看到的，RGB 的 3 原刺激是由混色所用的 3 種光來決定。不同的 3 原刺激，相同 RGB 值所混色出的色彩也不同，RGB 表色系是與標準和設備相關的色彩表現方式。說到 RGB 3 原色的時候，並不一定意味著是 CIE 1931 XYZ 表色系的前身之 RGB 表色系的 3 原刺激。

另外一方面，XYZ 的 3 原刺激不存在於世界上，是想像中的光。這個 3 原刺激之下，世界上所有的色彩都可以用 XYZ 值來表現。由前所述，XYZ 表色系是與標準和設備無關的色彩表現方法；XYZ 3 原色的值，是 CIE 1931 XYZ 表色系的值。

3.2.1　RGB 的 3 原刺激至 XYZ 的 3 原刺激之計算

RGB 是實際上用來混色的 3 原刺激。對於 RGB 輸入訊號，該 XYZ 色度表的色度是可以計算。在此，以特定的 3 原刺激 RGB 與指定的白色點，該 3 原色值 RGB 與 3 原色值 XYZ 的關係，試著在表 3.1 的三種情況計算。

這裡的 3 原色 RGB 值的範圍是[0, 1]，x_R, y_R, z_R 是僅對於原刺激 R 的色度座標，x_G, y_G, z_G 是僅對於原刺激 G 的色度座標，x_B, y_B, z_B 是僅對於原刺激 B 的色度座標。在此稍做些說明，首先 x_R, y_R, z_R 的色度座標，對於所有的 $R \neq 0$；$G = B = 0$ 之 RGB 刺激不變，XYZ 表色系的 XYZ 值，隨著 R 值而變化。

表 3.1　3 原刺激與白色點的色度座標

色度座標	原色 R	原色 G	原色 B	白色點 W
x	x_R	x_G	x_B	x_W
y	y_R	y_G	y_B	y_W
$z = 1-x-y$	z_R	z_G	z_B	z_W

(1) 在 3 原刺激之中，僅一個原色 R，且賦予最大值的情況：$R=1$；$G=B=0$ 的 XYZ 表色系中 XYZ 的值為 X_R, Y_R, Z_R 的話，xyz 的色度座標將如下所示。

$$x_R = \frac{X_R}{S_R} \;\; ; \;\; y_R = \frac{Y_R}{S_R} \;\; ; \;\; z_R = \frac{Z_R}{S_R} \tag{3.1}$$

在此 $S_R = X_R + Y_R + Z_R$。

$R \neq 0$ ； $G = B = 0$ 時對於任意的 R，X、Y、Z 的值如下

$$X = RX_R \;\; ; \;\; Y = RY_R \;\; ; \;\; Z = RZ_R \tag{3.2}$$

(2) 與上相同，僅原色 G 的刺激且賦予最大值的情況：$G = 1$ ； $R = B = 0$，xyz 的色度座標將如下所示。

$$x_G = \frac{X_G}{S_G} \;\; ; \;\; y_G = \frac{Y_G}{S_G} \;\; ; \;\; z_G = \frac{Z_G}{S_G} \tag{3.3}$$

在此 $S_G = X_G + Y_G + Z_G$。

$G \neq 0$ ； $R = B = 0$ 時對於任意的 G，XYZ 的值如下

$$X = GX_G \;\; ; \;\; Y = GY_G \;\; ; \;\; Z = GZ_G \tag{3.4}$$

(3) 僅原色 B 的刺激且賦予最大值的情況：$B = 1$ ； $R = G = 0$，xyz 的色度座標將如下所示。

$$x_B = \frac{X_B}{S_B} \;\; ; \;\; y_B = \frac{Y_B}{S_B} \;\; ; \;\; z_B = \frac{Z_B}{S_B} \tag{3.5}$$

在此 $S_B = X_B + Y_B + Z_B$。

$B \neq 0$ ； $G = R = 0$ 時對於任意的 B，XYZ 的值如下

$$X = BX_B \;\; ; \;\; Y = BY_B \;\; ; \;\; Z = BZ_B \tag{3.6}$$

可以很容易地瞭解到，RGB 的三原色同時加入時，XYZ 表色系的 XYZ 值是各刺激值單獨作用的和。爲了求 XYZ 值，式(3.2)、式(3.4)以及式(3.6)加起來，得到下列式子

$$X = RX_R + GX_G + BX_B$$
$$Y = RY_R + GY_G + BY_B$$
$$Z = RZ_R + GZ_G + BZ_B$$

(3.7)

此式以矩陣表示則成爲

$$\begin{pmatrix} X \\ Y \\ Z \end{pmatrix} = \begin{pmatrix} X_R & X_G & X_B \\ Y_R & Y_G & Y_B \\ Z_R & Z_G & Z_B \end{pmatrix} \begin{pmatrix} R \\ G \\ B \end{pmatrix}$$

(3.8)

上面的式子是將 RGB 的 3 刺激值轉換至 XYZ 的 3 刺激值的轉換式。這個轉換式所用的 3×3 矩陣係數必須要確定，下面將說明求得此矩陣係數的方法。

由式(3.1)、式(3.3)以及式(3.5)得到

$$X_R = x_R S_R \ , \ \ X_G = x_G S_G \ , \ \ X_B = x_B S_B$$
$$Y_R = y_R S_R \ \ , \ \ Y_G = y_G S_G \ , \ \ Y_B = y_B S_B$$
$$Z_R = z_R S_R \ \ , \ \ Z_G = z_G S_G \ , \ \ Z_B = z_B S_B$$

(3.9)

將式(3.9)以矩陣表示，如下所示

$$\begin{pmatrix} X_R & X_G & X_B \\ Y_R & Y_G & Y_B \\ Z_R & Z_G & Z_B \end{pmatrix} = \begin{pmatrix} x_R & x_G & x_B \\ y_R & y_G & y_B \\ z_R & z_G & z_B \end{pmatrix} \begin{pmatrix} S_R & 0 & 0 \\ 0 & S_G & 0 \\ 0 & 0 & S_B \end{pmatrix}$$

(3.10)

將式(3.10)代入式(3.8)之後，得到下列的式子

$$\begin{pmatrix} X \\ Y \\ Z \end{pmatrix} = \begin{pmatrix} x_R & x_G & x_B \\ y_R & y_G & y_B \\ z_R & z_G & z_B \end{pmatrix} \begin{pmatrix} S_R & 0 & 0 \\ 0 & S_G & 0 \\ 0 & 0 & S_B \end{pmatrix} \begin{pmatrix} R \\ G \\ B \end{pmatrix}$$

(3.11)

上列的式子等號右側最左邊的矩陣，是表 3.1 的 3 刺激的色度座標。本式中的未知係數僅剩 (S_R, S_G, S_B)，這裡僅需要決定出係數 (S_R, S_G, S_B) 即可。

表 3.1 的 (x_W, y_W, z_W) 是白色點的色度座標。在這個色度座標，XYZ 表色系的值以 (X_W, Y_W, Z_W) 表示，此時的 RGB 刺激值為 $R = G = B = 1.0$。具有不同的 3 原刺激之設備之間，將色彩重現區域能夠作為比較的輝度 Y 值正規化之後，各裝置的白色點的輝度值 $Y_W = 1.0$。

$$x_W = \frac{X_W}{S_W}$$
$$y_W = \frac{Y_W}{S_W} \tag{3.12}$$
$$z_W = \frac{Z_W}{S_W}$$

在此，將經過正規化的輝度 $Y_W = 1.0$ 代入上列式中的 y_W 之後，可以得到下列式子。

$$S_W = \frac{1}{y_W} \tag{3.13}$$

利用上式，由式(3.12)可以得到以下的式子

$$\begin{pmatrix} X_W \\ Y_W \\ Z_W \end{pmatrix} = \begin{pmatrix} \dfrac{x_W}{y_W} \\ 1.0 \\ \dfrac{z_W}{y_W} \end{pmatrix} \tag{3.14}$$

透過正規化的輝度，XYZ 空間中相異的色域之比較，或後面將描述到的色域之轉換，將比較容易進行。另外，對於所有的 3 原刺激 $R = G = B < 1.0$，該色度圖的座標為 (x_W, y_W, z_W)，此時的色彩並非白色，而是灰色。

於式(3.11)，將輸入的 $R = G = B = 1.0$，輸出的 (X_W, Y_W, Z_W) 代入之後，可以導出下列的式子。

$$\begin{pmatrix} X_W \\ Y_W \\ Z_W \end{pmatrix} = \begin{pmatrix} x_R & x_G & x_B \\ y_R & y_G & y_B \\ z_R & z_G & z_B \end{pmatrix} \begin{pmatrix} S_R & 0 & 0 \\ 0 & S_G & 0 \\ 0 & 0 & S_B \end{pmatrix} \begin{pmatrix} 1.0 \\ 1.0 \\ 1.0 \end{pmatrix} \quad (3.15)$$

另外，以上的式子可以改寫爲

$$\begin{pmatrix} X_W \\ Y_W \\ Z_W \end{pmatrix} = \begin{pmatrix} x_R & x_G & x_B \\ y_R & y_G & y_B \\ z_R & z_G & z_B \end{pmatrix} \begin{pmatrix} S_R \\ S_G \\ S_B \end{pmatrix} \quad (3.16)$$

從式(3.16)，可以用下列方程式來求出

$$\begin{pmatrix} S_R \\ S_G \\ S_B \end{pmatrix} = \begin{pmatrix} x_R & x_G & x_B \\ y_R & y_G & y_B \\ z_R & z_G & z_B \end{pmatrix}^{-1} \begin{pmatrix} X_W \\ Y_W \\ Z_W \end{pmatrix} \quad (3.17)$$

以上所得到的係數 (S_R, S_G, S_B) 分類後，代入式(3.10)，能定出式(3.8)的矩陣係數，從式(3.8)的 RGB 之 3 刺激值求出 XYZ 的 3 刺激值。

式(3.8)是爲了能夠比較不同色域之間色彩的表現範圍，使用如同式(3.14)將輝度 Y 正規化爲 1。式(3.8)將改寫爲下列所示

$$\begin{pmatrix} X \\ Y \\ Z \end{pmatrix} = L_C \begin{pmatrix} X_R & X_G & X_B \\ Y_R & Y_G & Y_B \\ Z_R & Z_G & Z_B \end{pmatrix} \begin{pmatrix} R \\ G \\ B \end{pmatrix} \quad (3.18)$$

在此 L_C 是 $R = G = B = 1$ 爲白色時候，顯示裝置的絕對輝度值。通常此值是透過測量得到的。

但色彩的重現能力，與絕對輝度是無關的，色彩重現的探討是使用式(3.8)而非式(3.18)。特別地，在關於不同色域的比較上，使用的是式(3.8)而非式(3.18)。根據這個方法，首先由式(3.8)求出 XYZ，然後從 XYZ 空間轉換至 xyY 色空間的值，在 xyY 色空間比較。

另外，對於值在[0, 1]範圍的 3 原色 RGB，從轉換式(3.8)所求得，對應於 XYZ

值的 xy 之值，必定存在於 CIE 1931 XYZ 的 xy 色度圖中。更具體地來說，這些的 xy 之值，存在於 3 刺激 RGB 的色度座標爲頂點構成之三角形之中。

3.2.2　XYZ 的 3 原刺激值轉換至 RGB 的 3 原刺激值

式(3.8)的逆轉換如下

$$\begin{pmatrix} R \\ G \\ B \end{pmatrix} = \begin{pmatrix} X_R & X_G & X_B \\ Y_R & Y_G & Y_B \\ Z_R & Z_G & Z_B \end{pmatrix}^{-1} \begin{pmatrix} X \\ Y \\ Z \end{pmatrix} \qquad (3.19)$$

式(3.19)是由 XYZ 的 3 原刺激值轉換至 RGB 的 3 原刺激值的轉換式。此式於特殊的顯示器上，重現色彩 XYZ 時候所使用。

這裡需要注意的是由式(3.19)得到的 RGB，可能會超過[0, 1]的範圍。超過這個範圍的 RGB 值，在此 RGB 的 3 刺激下，該 XYZ 的表現色彩無法重現。細節請參考第 5 章。

3.3　數位色彩重現系統的特徵

3.3.1　有限位元寬度與顯示器的伽馬特性

圖 3.5 是電視廣播之下的數位色彩重現系統，其所受之限制的表示例子。圖中，拍攝主體透過數位相機拍攝記錄，並轉換爲廣播用的數位資料。透過此過程各色彩的輝度資訊與資料，以線性關係保存。資料是經過量子化的有限位元數位數據。圖中，此位元寬度以 N 來表示，此值可爲 8,10,12 等等。

顯示影像的電視螢幕之特性，輸入電壓上升對應到的顯示輝度，並非成正比例地上升，而是曲線地上升。此特性稱之爲「**伽馬特性**（ Γ 或 gamma）」，以下列形式來表示

$$y = x^{\gamma} \qquad (3.20)$$

在此輸出入的變數是經過正規化。

在 CRT(cathode ray tube, 陰極射線管) $\Gamma = 2.2$。液晶顯示器的特性是 S 形曲線，爲了與 CRT 的相容性，將補償至如同 CRT 相同的特性。

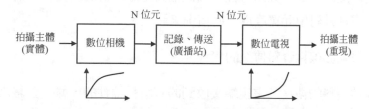

圖 3.5　對於數位色彩重現系統的限制（電視廣播的情況）

(a) 無伽馬補償　　　　　　　　(b) 有伽馬補償

圖 3.6　伽馬補償的效果

爲了消除顯示器的非線性特性，影像資料必需要先行補償。這個方法被稱爲「**伽馬補償**」，伽馬特性與相反的非線性特性，如下所示

$$x = y^{\frac{1}{\gamma}}$$

(3.21)

在此，輸入變數「y」經過了正規化。

圖 3.6 是表示伽馬補償的效果。圖 3.6(a)與相同的圖(b)相較之下，沒有經過伽馬補償的話，影像整體會變得較暗，影像暗處的影像會看不見。

3.3.2   非線性資料的傳送、記錄的必要性

這一節描述關於非線性資料的傳送、記錄的必要性。

先前提過顯示器具有伽馬特性，因此輸入至顯示器的的資料，需要事先進行伽馬補償。這裡針對位元寬度為 8 的情況來說明。

首先探討關於線性資料傳送的情況。

關於線性資料的傳送，電視端接收到的資料是線性的，輸入螢幕之前必需要進行伽馬補償。傳送的 8 位元線性資料，輸入到式(3.22)中所表示的變數「x」，伽馬補償之後的資料「y」，透過下面的式子求得。

$$y = (2^8 - 1)(\frac{x}{2^8 - 1})^{0.45} \tag{3.22}$$

表 3.2 左邊所表示的是這個資料的線性值和非線性值的關係。另外，線性資料與相對應的非線性資料的一部分表示於圖 3.7 中。

接下來，探討關於非線性資料傳送的情況。這個情況下的伽馬補償，因為是在資料傳送之前所進行，可以直接輸入至電視的螢幕。這些的非線性資料輸入至螢幕後，所能夠重現的各色彩之輝度，可由下面式子求得。

$$y = (2^8 - 1)(\frac{x}{2^8 - 1})^{2.2} \tag{3.23}$$

表 3.2　非線性傳送與線性傳送的比較

線性資料傳送		非線性資料傳送	
8 位元線性值 式(3.22)的 x	8 位元非線性值 式(3.22)的 y	8 位元非線性值 式(3.23)的 x	對應的線性值 式(3.23)的 y
0	0	0	0.0000
1	21	1	0.0013
2	28	2	0.0059
3	34	3	0.0145
4	39	4	0.0273
5	43	5	0.0447
6	47	6	0.0667
7	50	7	0.0936
8	53	8	0.1256
9	56	9	0.1627
10	59	10	0.2052
11	61	11	0.2531
12	64	12	0.3064
13	66	13	0.3654
14	69	14	0.4302
15	71	15	0.5007
～	～	～	～
253	254	253	250.6207
254	254	254	252.8052
255	255	255	255.0000

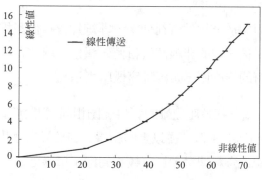

圖 3.7　線性傳送的資料精確度

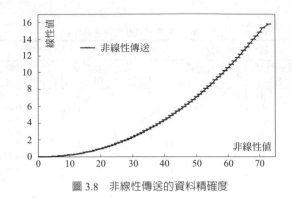

圖 3.8   非線性傳送的資料精確度

　　所得到的線性資料（輝度）與其非線性資料於表 3.2 的右邊，圖 3.8 表示兩資料關係的一部分。

　　試著比較圖 3.7 與圖 3.8。圖 3.7 表示的是對於線性資料傳送，線性資料值與非線性資料值的對應關係。這個的縱軸座標是被傳送的線性資料值，橫軸座標是該對應於該線性資料的非線性資料值。對於在[0, 16]範圍的 17 個線性資料，輸入至螢幕的資料也是 17 個，對應到的線性資料的分佈範圍則是[0, 71]。

　　圖 3.8 表示的是對於非線性資料傳送，非線性資料值與相對應的線性資料值的關係。橫軸座標是被傳送的非線性資料值，這個非線性資料，輸入至螢幕，顯示出與線性資料相符的輝度值，如縱軸座標所表示。

　　圖 3.7 與圖 3.8，儘管在各座標軸的資料範圍相同，相對於圖 3.7 的 17 個資料，在圖 3.8 的資料數上升到 71 個。從以上的結果，對於具有伽馬特性的顯示螢幕，非線性資料傳送比線性資料傳送，具有較高的顯示精確度。

　　關於這個原因，8 位元的資料寬度所分配[0, 255]的 256 個資料，經過線性資料的傳送，有部分無法有效地傳遞到螢幕。螢幕方面，無法直接接受線性資料的關係，傳送後的線性資料必須經過伽馬補償。

　　由表 3.2 可清楚地看出，伽馬補償後的資料中 256 個資料之中的一部份之值無法被表示。相對於此，關於非線性資料傳送，伽馬補償後的資料傳送，256 個資料全部都可以顯示在螢幕上。

　　由上可知，對於數位色彩重現系統，影像資料傳送與記錄並非線性資料，而是伽馬補償後的非線性資料。相同的道理，對於影像資料的傳送、記錄，並非間接的 XYZ 值，應該能夠理解爲何偏好能夠直接地傳送給顯示螢幕的 RGB 值。這裡僅止於使用位元寬度較短，能夠有效利用之觀點所得到的結論。當然，確保位元寬度足夠的話，在 XYZ 表色系的影像資料傳送或是記錄，都能夠在理想之下進行。

3.3.3　伽馬補償的實現方法

　　由數位相機得到的影像資料微小值，表示拍攝主體的暗部。

　　CCD 或 CMOS 感測器在沒有入射光的時候，有來自於感測器的光學黑色位準(optical black level)之訊號輸出（被稱爲暗電流），這個情況的影像資料，由感測器輸出減去光學黑色位準值所得到的值。因此，在暗部資料的訊號越小，雜訊相對地就會較大。對於影像被要求到，保持資料的層次性之下，儘可能地抑制由 CCD 的暗電流（參考文獻 11，p.80）所引起的暗部雜訊。但是，如同式(3.21)這樣地進行伽馬補償的話，結果是資料接近於零的暗部雜訊就會被凸顯。

　　式(3.21)經過微分後，如同下所示

$$y' = \frac{1}{\gamma} x^{\frac{1}{\gamma}-1} \tag{3.24}$$

　　因爲螢幕的 γ 是 2.2，上面式子的 $x=0$ 附近的 y' 值爲無限大。爲此，接近於零的伽馬補償式(3.21)的梯度則爲無窮大，變成微小的雜訊被補償爲大的值（過度補償）。

　　　實際的伽馬補償方法，暗部資料中接近零的部分使用其他式子，除此之外的
部分，使用式(3.21)抑制暗部的雜訊。細節請參考在 3.4 節的 HDTV 標準，與 3.6
節的 sRGB 標準的伽馬補償。

3.3.4　輝度與色差訊號的導入

　　　數位彩色影像的重現技術，由類比彩色電視開始變遷，發展了很長的歷史。
1953 年所制訂的彩色電視 NTSC 標準，爲了維持與黑白電視向上相容，設計了僅
接收輝度訊號而能夠顯示的黑白電視，關於彩色電視，透過輝度訊號與色差訊號
產生 RGB 訊號。這樣的考量，即使目前所使用的電視數位影像的色彩重現處理，
也仍然受到來自於 NTSC 標準的影響。

　　　人類的肉眼具有著比起色彩，對於輝度還較爲敏感的特性，利用這點，在類
比的彩色電視時代，爲了有效運用所使用電波的頻帶，輝度訊號的頻帶比例較色
彩訊號來得大。

　　　在數位影像處理，同樣地利用與肉眼的性質，用不同的壓縮率（DCT, discrete
cosine transform）處理輝度與色彩，進行傳送或記錄。（請參照參考文獻　10，
p.232-234）

　　　輝度訊號 Y 如同式(3.7)一樣地定義，在此重述一次

$$Y = Y_R R + Y_G G + Y_B B \tag{3.25}$$

色差訊號有兩個，如下所表示

$$B - Y = -Y_R R - Y_G G + (1 - Y_B)B$$
$$R - Y = (1 - Y_R)R - Y_G G + Y_B B \tag{3.26}$$

輝度訊號的標記爲 Y，關於色差訊號的標記則未統一，有很多種。

　　　一般來說使用 Cb 與 Cr 爲較多數，在 ITU-R 國際標準中，使用的是 YCbCr。
本書與 ITU-R 標準使用相同的 YCbCr 爲標記。

YCbCr 之外，YUV 或 YPbPr 也廣爲使用。UV 是 PAL 的色差表示，PbPr 則是 ARIB（日本）標準的色差表示。SMPTE（美國）標準的話，在類比電視是 PbPr，數位電視則用 CbCr。無論是哪個，這些都代表著 B-Y 與 R-Y 乘上係數後的訊號。因爲在根本上是沒有差異，在這裡不做區隔都稱爲色差訊號。（參考文獻 10, p.97）

關於色差訊號有 YCbCr 444, 422, 420, 211, 210 等等的格式[*12]，這些是透過減少色差訊號的量，來將影像資料的總量縮小。這種方法，與頻帶的壓縮合併用於 MPEG、JPEG 壓縮。本書中，例子是使用 YCbCr 444 資料格式的色彩重現技術來講述。另外，請留意 ITU-R 標準等等的 YCbCr 訊號，是透過伽馬補償後的非線性 3 原色所產生。本書中爲了不造成誤解，由非線性 3 原色產生的輝度色差訊號以 Y'C'bC'r 來表示。

3.3.5　彩色影像表現的國際標準化與數位色彩重現系統

前面爲止，描述了數位資料的位元寬度、顯示螢幕的伽馬特性、電視的歷史、利用肉眼的特性將輝度與色彩訊號分開。接下來將考量這些要素，所建立的數位彩色影像相關的國際標準，以及探討基於這個標準的數位色彩重現系統的型態。

A. 國際標準的組成

關於國際標準，首先如同表 3.1 的「3 原刺激」與「白色點的色度座標」所制訂的。數位相機的影像資料的採集，是根據這個 3 原刺激的色度座標與白色點的色度座標。

國際標準的組成內容，如圖 3.9 所表示。這裡將解說從影像資料的採集，到標準所制訂的影像格式轉換的處理內容。首先，由數位相機所得到影像的 RGB 資料，經過先前說明過的「伽馬補償（非線性處理）」。在此伽馬補償後的資料用 R'G'B' 來表示。

接下來，將所得到的非線性影像資料 R'G'B' 代入式(3.25)與式(3.26)，轉換爲輝度色差的 Y'C'bC'r 訊號。這時候，輸入訊號不是線性的 RGB 資料，而是伽馬補償後的非線性資料 R'G'B'。爲了澄清這點，下面表示輝度色差的 Y'C'bC'r 訊

號之轉換式

$$Y' = Y_R R' + Y_G G' + Y_B B'$$ 　　　　　(3.27)

$$\left.\begin{array}{l} C'_b = B' - Y' = -Y_R R' - Y_G G' + (1 - Y_B) B' \\ C'_r = R' - Y' = (1 - Y_R) R' - Y_G G' + Y_B B' \end{array}\right\}$$ 　　(3.28)

　　這裡所提到的輝度色差訊號，與原本定義的意思稍微有點不同。關於這一點，希望能夠藉由基礎理論與應用的妥協結果有所瞭解。色彩重現的時候，由此 Y'C'bC'r 求出 R'G'B' 即可。另外，色差的 C'bC'r 訊號，使用與色差的 CbCr 訊號相同的壓縮（資料量的刪減）。若不可能產生誤解的時候，也有 Y'C'bC'r 表示為 YCbCr 的情況。

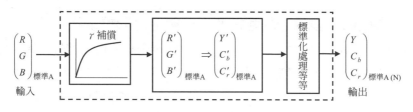

圖 3.9　國際標準的組成內容（虛線的部分）

　　最後，經過標準化處理等等，以定義好的位元寬度將 Y'C'bC'r 以影像資料輸出，給數位廣播或記錄所使用。另外，這些影像資料透過色彩重現系統，在螢幕等等的設備中顯示。

　　在圖 3.9 變數列的下方有文字「標準 A」。RGB 或 YCbCr 是與裝置相關的訊號，對於附加「標準 A」，明確地表示這些訊號是標準 A 的訊號值。另外，(N)是影像資料的位元寬度。

　　圖 3.9 省略了類比訊號轉換數位(ADC, Analog-to-Digital Conversion)的部分。數位相機的 CCD，還有 CMOS 感測器都會輸出類比的 RGB 訊號。ADC 是將這些類比的 RGB 訊號轉換成數位的 RGB 訊號（參考文獻 11, p.22）。

於相機之中所配備的數位運算電路或數位訊號處理器(DSP, digital signal processor)，進行伽馬補償或 R'G'B' 轉換至 Y'C'bC'r 的轉換處理或正規化處理。最後輸出影像資料的位元寬度，是考量運算、處理內容的精確度，所選定的 ADC 之位元寬度來決定。舉例來說，輸出影像為 8 位元的情況，ADC 的位元寬度為了利用現成的 ADC，而選用的是 12 位元或 16 位元。

B. 色彩重現系統的組成

色彩重現系統之目的，是和某一標準相容影像資料，對經過伽馬補償後的 R'G'B' 進行復原，然後傳送至螢幕等等的顯示裝置。這個系統的組成，影像資料製作時候的標準，內容進行反向處理即可。圖 3.10 是表示數位色彩重現系統的組成。

在影像顯示用的螢幕，需要具有在影像資料生成時相同的 2 原刺激色度座標，以及白色點的色度座標。這些色度座標，如表 3.1 這樣的型態定義於國際標準中。主要的處理內容，如下所示

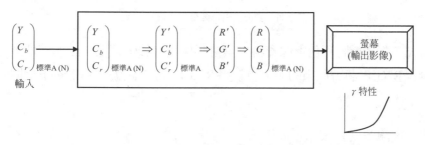

圖 3.10　表示數位色彩重現系統的組成

(1) 從輸入 N 位元的 YCbCr 求出 Y'C'bC'r。

(2) 透過式(3.27)以及式(3.28)的逆轉換計算 R'G'B' 訊號，配合顯示器的輸入位元寬度產生 RGB 訊號。

(3) 將伽馬補償後的 N 位元 RGB 訊號輸入至螢幕，藉由伽馬補償的非線性效果，與螢幕的伽馬特性相消，拍攝主體的影像忠實地呈現。在這裡，螢幕輸入的位元寬度與標準的輸出 YCbCr 是相同的關係，不同的位元寬度亦可。

在國際標準，為符合畫質評估的其中之一，色彩忠實地重現之要求，不止螢幕本身而已，視聽環境（背景光的亮度、白色點的色度座標等等）的條件也有被制訂。

C. 黑白螢幕的影像重現系統的組成

為了更深度地瞭解輝度與色差，在這裡，舉出彩色影像投射於黑白螢幕時候的特殊例子。圖 3.11 是為了將彩色影像資料投射於黑白螢幕的組成。在此，因為只使用到輝度訊號，色差訊號被丟棄而不使用。

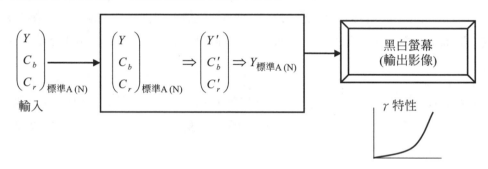

圖 3.11　數位黑白影像重現系統的組成

首先，先考慮將彩色影像資料以黑白影像投射於螢幕上，該如何地進行。此時，無視 R'G'B' 訊號原來的值，重新將 R'G'B' 的 3 訊號，固定賦予相同的值即可。

將輝度訊號以 Y' 表示，此值為

$$R' = G' = B' = Y'$$

如同式(3.28)所表示地，色差訊號則為

$$C'b = C'r = 0$$

透過這樣的操作，即使是彩色影像資料，在螢幕上也能夠顯示出黑白影像。

　　彩色影像資料在黑白螢幕上映射出黑白影像時，輸入的 N 位元之 Y 訊號直接輸入至螢幕的接收位元（螢幕的輸入訊號之位元寬度）即可。黑白影像的本質是「零色差，輝度 Y 訊號，紅色 R 訊號，綠色 G 訊號，藍色 B 訊號都是同一個值」。由上列得知，式(3.27)則變成

$$Y' = (Y_R + Y_G + Y_B)R'$$

後續所描述到的式(3.29)，以及式(3.61)所得到

$$Y_R + Y_G + Y_B = 1$$

因此

$$Y' = R' = G' = B'$$

則成立。伽馬補償的輝度 Y' 輸入至螢幕後，伽馬特性被相消，而顯示出正確的值。

3.4　HDTV 電視的國際標準與色彩的重現

　　這一節，將解說關於高畫質電視(HDTV, High Definition Television)系統的標準 ITU-R BT.709[*1]，描述至建立標準的經過。另外，從根據此標準所產生的影像資料，到 3 原色訊號的復原方法都將進行解說。

　　ITU-R BT.709 標準是 Part 1 的 HDTV system related to conventional television 與 Part 2 的 HDTV system with square pixel common format 兩個部分所組成。Part 2 是數位電視的 HDTV 系統的內容，為標準的核心。Part 1 是沿用過去的類比電視的訊號方式，以實現 HDTV 的建議內容，HDTV 標準的補充部分。接下來將描述影像訊號的格式，以及關於該色彩重現的部分。

3.4.1　3 原色的色度座標與白色點

　　如同 3.2.1 項之中所描述地，從 RGB 值至 XYZ 值的轉換，不僅是 RGB 3 原色的色度座標，也需要白色點的色度座標。表 3.3 所表示的是關於 ITU-R BT.709 的 3 原色色度座標與白色點色度座標。

表 3.3　ITU-R BT.709 標準的 3 原刺激與白色點的色度座標

色度座標	原色 R	原色 G	原色 B	白色點 (D_{65})
x	0.640	0.300	0.150	0.3127
y	0.330	0.600	0.060	0.3290
$z = 1 - x - y$	0.030	0.100	0.790	0.3583

　　在此，推導從 RGB 值到 XYZ 值的轉換式。焦點放在式(3.11)，首先，從表 3.3 中的 3 原色色度座標得到

$$\begin{pmatrix} x_R & x_G & x_B \\ y_R & y_G & y_B \\ z_R & z_G & z_B \end{pmatrix} = \begin{pmatrix} 0.640 & 0.300 & 0.150 \\ 0.330 & 0.600 & 0.060 \\ 0.030 & 0.100 & 0.790 \end{pmatrix}$$

接下來，將表 3.3 的白色點色度座標代入式(3.14)，則可求得

$$\begin{pmatrix} X_W \\ Y_W \\ Z_W \end{pmatrix} = \begin{pmatrix} 0.9505 \\ 1.0000 \\ 1.0891 \end{pmatrix}$$

此兩組值代入式(3.17)後得到

$$\begin{pmatrix} S_R \\ S_G \\ S_B \end{pmatrix} = \begin{pmatrix} 0.6444 \\ 0.1919 \\ 1.2032 \end{pmatrix}$$

最後，將這些的值代入式(3.11)後，可得到下列的轉換式

$$\begin{pmatrix} X \\ Y \\ Z \end{pmatrix} = \begin{pmatrix} 0.4124 & 0.3576 & 0.1805 \\ 0.2126 & 0.7152 & 0.0722 \\ 0.0193 & 0.1192 & 0.9505 \end{pmatrix} \begin{pmatrix} R \\ G \\ B \end{pmatrix}_{709}$$ (3.29)

前式的 RGB 旁附加一個 709，ITU-R BT 709 標準的 3 原刺激的意思。另外，該式的逆轉換式如下

$$\begin{pmatrix} R \\ G \\ B \end{pmatrix}_{709} = \begin{pmatrix} 3.2406 & -1.5372 & -0.4986 \\ -0.9689 & 1.8758 & 0.0415 \\ 0.0557 & -0.2040 & 1.0570 \end{pmatrix} \begin{pmatrix} X \\ Y \\ Z \end{pmatrix}$$ (3.30)

3.4.2　伽馬補償

伽馬補償是如同先前所描述的非線性處理，CRT 的伽馬特性是 $\gamma = 2.2$ 的指數函數，於 709 標準中伽馬值 2.2 的倒數是用 0.45。圖 3.12 中所表示的是使用 0.45 指數函數之螢幕的伽馬特性補償效果。圖中，黑色曲線的補償資料用 2.2 的指數函數處理之後，變成直線（斜率為 1 的紫色曲線）。

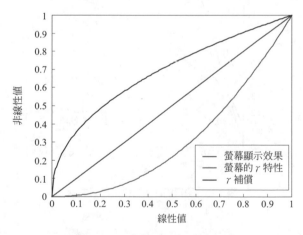

圖 3.12　螢幕的伽馬特性的補償效果

但是在章節 3.3.3 提及，考慮到 CCD 的暗部雜訊，在 709 標準中，零值附近使用斜率 $k = 4.5$ 的直線來進行補償。

709 標準的伽馬補償，透過下列式子來進行

$$R'_{709} = \begin{cases} 1.099R_{709}^{0.45} - 0.099\,; & 1 \geq R_{709} \geq 0.018 \\ 4.500R_{709}\,; & 0.018 > R_{709} \geq 0 \end{cases}$$

$$G'_{709} = \begin{cases} 1.099G_{709}^{0.45} - 0.099\,; & 1 \geq G_{709} \geq 0.018 \\ 4.500G_{709}\,; & 0.018 > G_{709} \geq 0 \end{cases} \qquad (3.31)$$

$$B'_{709} = \begin{cases} 1.099B_{709}^{0.45} - 0.099\,; & 1 \geq B_{709} \geq 0.018 \\ 4.500B_{709}\,; & 0.018 > B_{709} \geq 0 \end{cases}$$

　　圖 3.13 表示的是 709 標準的伽馬補償效果。藍色的直線是值很微小的暗部資料伽馬補償曲線的一部分；另外，紅色的曲線表示的是 709 標準的伽馬補償；黑色曲線是 0.45 的指數函數。紅色曲線的資料經過 2.2 指數函數處理後，可以得到螢幕顯示的綠色曲線。從這些的結果，螢幕上的實際顯示（綠色曲線）與理論上的顯示（紫色曲線）之間，可以看到些許的誤差。

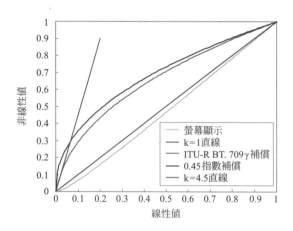

圖 3.13　螢幕的伽馬特性的補償曲線

3.4.3　輝度、色差訊號的產生

A. 輝度訊號的產生

產生輝度訊號是利用式(3.29)的 Y 分量的式子，此輸入訊號為伽馬補償後的值。

$$Y' = 0.2126R' + 0.7152G' + 0.0722B' \tag{3.32}$$

ITU-R BT.709 的 Part 1(HDTV system related to conventional television)中，為了與 SDTV (Standard Definition Television)之間的相容性，也定義了 SDTV 的輝度、色差訊號的對應。這將在 3.5 節中所述的 ITU-R BT.601 標準中提到。

B. 色差訊號的產生

色差訊號可從式(3.32)以及式(3.28)，如下所求得

$$\begin{aligned} B' - Y' &= -0.2126R - 0.7152G' + 0.9278B' \\ R' - Y' &= 0.7874R - 0.7152G - 0.0722B' \end{aligned} \tag{3.33}$$

C. 色差訊號的正規化

對於在[0, 1]範圍的 R'G'B' 訊號，式(3.33)的兩色差之值的範圍不同，對於 0 不對稱。因此，將色差訊號變成[-0.5,0.5]範圍進行正規化處理，正規化之後的色差訊號如同下列的標記以C'bC'r 來表示。

$$\begin{aligned} C'_b &= K_b(B' - Y') \\ C'_r &= K_r(R' - Y') \end{aligned} \tag{3.34}$$

這裡

$$\begin{aligned} K_b &= \frac{0.5}{0.9278} \\ K_r &= \frac{0.5}{0.7874} \end{aligned} \tag{3.35}$$

將式(3.34)之中用式(3.35)的係數 K_b、係數 K_r 代入後，可以得到下列的式子。

$$C'_b = -0.1146R' - 0.3854G' + 0.5000B'$$
$$C'_r = 0.5000R' - 0.4542G' - 0.0458B' \tag{3.36}$$

上式中 C'bC'r 值的範圍是[-0.5, 0.5]。這些式子在後續將會頻繁地使用到，將式(3.32)以及式(3.36)整理後，以矩陣表示如下

$$\begin{pmatrix} Y' \\ C'_b \\ C'_r \end{pmatrix}_{709} = \begin{pmatrix} 0.2126 & 0.7152 & 0.0722 \\ -0.1146 & -0.3854 & 0.5000 \\ 0.5000 & -0.4542 & -0.0458 \end{pmatrix} \begin{pmatrix} R' \\ G' \\ B' \end{pmatrix}_{709} \tag{3.37}$$

在此，Y' 值的範圍是[0, 1]。

3.4.4   輝度、色差的訊號的標準化

在數位系統中，位元寬度的觀念是非常地重要。ITU-R BT. 709 標準中，YCbCr 訊號以每 8 位元，如下所表示

$$Y_{(8)} = 219Y' + 16$$
$$C_{b(8)} = 224C'_b + 128$$
$$C_{r(8)} = 224C'_r + 128 \tag{3.38}$$

依據上面的式子，對於實數 Y' 值的範圍[0, 1]，整數 Y 的範圍是[16, 235]。

8 位元編碼中的[1, 15]與[236, 254]被設定為輝度訊號的工作邊限(working margin)。透過這個，即使超過輝度值的正常範圍[16, 235]，也落在[1, 15]與[236, 254]而能被修正。

另外，色差 CbCr 的範圍與輝度訊號不同，是在[16, 240]。這個工作邊限的色差範圍是[1, 15]和[241, 254]。編碼 0 與 255 是空出來作為控制用的。

ITU-R BT. 709 的 Part 2(HDTV system with square pixel common format)中也有 10 位元的定義，但因為與 8 位元的本質無差異，這裡就省略，而對 8 位元進行相關的說明。

ITU-R BT. 709 之中所制訂的工作邊限之用途，由於沒有明確地表示，被質疑為浪費資源。為了積極地利用這部分，有建議過後續描述到的「**xvYCC 標準**」。

3.4.5 接收設備端的訊號復原處理

接收設備端所得到的影像是 8 位元的 YCbCr 訊號型態。接收設備端的主要處理內容，是將影像訊號轉換至可以輸入到顯示用螢幕的型態。這裡將使用圖 3.10 表示的方法，來說明訊號的復原方法。

Y'C'bC'r 訊號透過式(3.38)，由 8 位元的 YCbCr 訊號經過下列式子可以求得

$$Y' = \frac{1}{219}(Y_{(8)} - 16)$$

$$C'_b = \frac{1}{224}(C_{b(8)} - 128)$$ 　　　(3.39)

$$C'_r = \frac{1}{224}(C_{r(8)} - 128)$$

另外利用式(3.34)，R'B'如下所表示

$$R' = C'_r / K_r + Y'$$
$$B' = C'_b / K_b + Y'$$ 　　　(3.40)

由式(3.32)得到

$$G' = \frac{1}{0.7152}(Y' - 0.2126R' - 0.0722B')$$

將式(3.40)代入上列的式子後，為

$$G' = \frac{1}{0.7152}(Y' - 0.2126(C'_r / K_r + Y') - 0.0722(C'_b / K_b + Y'))$$

將此式再整理過後為

$$G' = Y' - 0.2973 / K_r C'_r - 0.1010 / K_b C'_b$$ 　　　(3.41)

式(3.40)和式(3.41)中，以式(3.35)的 K_r、K_b 代入並整理後，得到接下來的式子

$$\begin{pmatrix} R' \\ G' \\ B' \end{pmatrix}_{709} = \begin{pmatrix} 1.0000 & 0.0000 & 1.5748 \\ 1.0000 & -0.1872 & -0.4681 \\ 1.0000 & 1.8556 & 0.0000 \end{pmatrix} \begin{pmatrix} Y' \\ C'_b \\ C'_r \end{pmatrix}_{709} \qquad (3.42)$$

以上為式(3.37)的逆轉換。這些式子，當作成對的轉換與逆轉換來使用。

對於範圍[0, 1]的 R'G'B'，從式(3.37)可以求到範圍[0, 1]的 Y' 與範圍[-0.5, 0.5] 的 C'bC'r。所求到的 Y'C'bC'r，可以透過式(3.42)復原成原來的 R'G'B'。這些的 R'G'B' 是在範圍[0, 1]之中，可以當作有意義的 3 原刺激來使用。

但是，對於範圍[0, 1]的某個任意 Y'，與範圍[-0.5, 0.5]的某個任意 C'bC'r，從式(3.42)所得到的 R'G'B' 之值，並不限定其值在[0, 1]範圍之內。例如

$$Y'C'bC'r = (1, 0.5, 0.5)$$

代入式(3.30)後，變成

$$R'G'B' = (1.7874, -0.67235, 1.9279)$$

這些的 R'G'B' 值比 1 還要大，也有比 0 還要小，變成了無意義的 3 原刺激值。因此，Y'C'bC'r 在所定義的範圍內，也無法確保其為有意義的值。

關於 Y'C'bC'r 的各個訊號，不僅是值的範圍，它的組合也是很重要。

最後，由式(3.42)得到之伽馬補償後的 3 原刺激值 R'G'B'，轉換成可輸入至螢幕的形式。這裡所使用的顯示螢幕，假設是 3 色、8 位元的數位輸入訊號，透過下式將範圍在[0, 1]的實數 R'G'B' 訊號，轉換為範圍在[0, 255]的整數 RGB 訊號。

$$R_{709(8)} = 255 \times R'_{709}$$

$$G_{709(8)} = 255 \times G'_{709}$$ (3.43)

$$B_{709(8)} = 255 \times B'_{709}$$

另外，從式(3.42)、式(3.43)以及式(3.39)，可以得到接下來的式子

$$\begin{pmatrix} R \\ G \\ G \end{pmatrix}_{709(8)} = \begin{pmatrix} 1.164 & 0.000 & 1.793 \\ 1.164 & -0.213 & -0.533 \\ 1.164 & 2.112 & 0.000 \end{pmatrix} \left(\begin{pmatrix} Y \\ C_b \\ C_r \end{pmatrix}_{709(8)} - \begin{pmatrix} 16 \\ 128 \\ 128 \end{pmatrix} \right)$$ (3.44)

上式是從 8 位元的 YCbCr 訊號轉換成 8 位元的 RGB 訊號的轉換處理表示式。式(3.43)及式(3.44)是電視等等的影像重現設備之中，訊號處理最後，輸出到顯示螢幕的表示式。

除此之外，對於在設備之間連接時候的 RGB 訊號之範圍，有 2 個種類：式(3.43)以及式(3.44)這樣的範圍[0, 255]的訊號（對應全範圍），與範圍[16, 235]的 RGB 訊號（對應有限範圍）。輸入[1, 255]的 RGB 訊號至對應有限範圍電視的話，黑色部分的顯示會失真；將[16, 235]的 RGB 訊號輸入至對應全範圍的電視中，會產生黑色顯示較亮，色彩顯示較為淺的故障現象。

3.5　SDTV 電視的國際標準與色彩的重現

ITU-R BT.601[*2]是與 SDTV 電視系統相關的國際建議。該 3 原色的色度座標與白色點，是與表 3.3 所示的 ITU-R BT.709 標準相同。另外，伽馬補償也和 ITU-R BT.709 標準相同。但是輝度與色差訊號的定義，就和 ITU-R BT.709 標準不相同。

3.5.1　輝度、色差訊號的產生

式(3.29)的 XYZ 表色系的值，是利用表 3.3 的 3 原色 RGB 的色度座標與白色點所求到的。原本與 ITU-R BT.709 標準相同的輝度值，應該表示在式(3.32)。但是 1953 年所制訂的彩色電視 NTSC 標準中，該 3 原色的色度座標與白色點如同表 3.4 所定義。利用表 3.4 的 3 原色所能夠顯示的色域，比現在的 HDTV（表 3.3）

所能夠顯示的色域更廣。這個情況下的白色點，是 C 光源而不是 D65。

表 3.4　NTSC 電視標準的 3 原刺激與白色點的色度座標

色度座標	原色 R	原色 G	原色 B	白色點(C)
x	0.670	0.210	0.140	0.3101
y	0.330	0.710	0.080	0.3163
$z = 1 - x - y$	0.000	0.080	0.780	0.3736

如此雖然能夠決定較廣的色域，實現此電視螢幕具有比標準還狹窄的色域，而在這之後仍然持續著這種情況。另外此後，SDTV 的色域由 HDTV 所統一，現在也維持著這個輝度與色差的定義。

SDTV 的輝度訊號如下列式子所定義

$$Y' = 0.2988R' + 0.5868G' + 0.1144B' \tag{3.45}$$

根據上面的方程式，色差訊號可以如同下列式子來求出

$$B' - Y' = -0.2988R' + 0.5868G' + 0.8856B'$$
$$R' - Y' = 0.7012R' - 0.5868G' - 0.1144B' \tag{3.46}$$

在這裡輝度與 3 原刺激的關係式：以式(3.45)的推導方法表示。計算方法如同在章節 3.4.1 描述過的 HDTV 關係式。

所求到的線性 RGB 訊號轉換至 XYZ 訊號的式子，如式(3.47)所表示。可以得知輝度訊號的式子(3.45)，和式(3.47)的輝度訊號 Y 的式子相同。

$$\begin{pmatrix} X \\ Y \\ Z \end{pmatrix} = \begin{pmatrix} 0.6067 & 0.1736 & 0.2001 \\ 0.2988 & 0.5868 & 0.1144 \\ 0.0000 & 0.0661 & 0.1150 \end{pmatrix} \begin{pmatrix} R \\ G \\ B \end{pmatrix}_{\text{NTSC}} \tag{3.47}$$

上面的式子，是 3 原色 RGB 轉換至 3 原色 XYZ 的轉換式。

另外，這個的逆轉換，如下面的式子

$$
\begin{pmatrix} R \\ G \\ B \end{pmatrix}_{NTSC} = \begin{pmatrix} 1.9106 & -0.5326 & -0.2883 \\ -0.9843 & 1.9984 & -0.0283 \\ 0.0584 & -0.1185 & 0.8985 \end{pmatrix} \begin{pmatrix} X \\ Y \\ Z \end{pmatrix}
\tag{3.48}
$$

這兩個式子，可以當作是成對的。

在這裡，回顧 NTSC 的歷史，描述一下表 3.4 與式(3.47)所用的 SDTV 輝度的式(3.45)之由來。別忘記，SDTV 的 3 原刺激與白色點的色度座標標準，是和 HDTV 相同的表 3.3。使用來自於表 3.4，表示輝度的式(3.45)，在接收設備端可以復原原來的 R'G'B'訊號，以色彩重現的觀點來看是沒有問題。式(3.45)並非嚴謹的輝度表現，對於壓縮、強調邊緣、黑白顯示多少有些影響。

3.5.2　正規化與標準化處理

將 SDTV 和 HDTV 標準的情況下相同，對式(3.46)如下列式子進行正規化。

$$
\begin{aligned}
C'_b &= -0.1687R' - 0.3313G' + 0.5000B' \\
C'_r &= 0.5000R' - 0.4184G' - 0.0813B'
\end{aligned}
\tag{3.49}
$$

式(3.45)輝度訊號、以及正規化之後的式(3.49)色差訊號，用矩陣來表示，如下所示

$$
\begin{pmatrix} Y' \\ C'_b \\ C'_r \end{pmatrix}_{601} = \begin{pmatrix} 0.2990 & 0.5870 & 0.1140 \\ -0.1687 & -0.3313 & 0.5000 \\ 0.5000 & -0.4187 & -0.0813 \end{pmatrix} \begin{pmatrix} R' \\ G' \\ B' \end{pmatrix}_{601}
\tag{3.50}
$$

SDTV 標準的輸出資料，和 HDTV 標準的情況相同，考量到工作邊限後，如同接下來的 Y'C'bC'r 訊號轉換為 8 位元的 YCbCr 訊號。

$$Y_{(8)} = 219Y'+16$$

$$C_{b(8)} = 224C'_b+128 \tag{3.51}$$

$$C_{r(8)} = 224C'_r+128$$

就像是 HDTV 標準，編碼 0 與 255 是被用於系統控制，編碼 1-254 用在影像訊號。

3.5.3   接收設備端的訊號復原處理

在接收設備端，轉換 8 位元的 YCbCr 訊號變成能夠直接輸入到螢幕的訊號。被轉換的 Y'C'bC'r 訊號，可從式(3.51)以下列式子求得

$$Y'=\frac{1}{219}(Y_{(8)}-16)$$

$$C'_b=\frac{1}{224}(C_{b(8)}-128) \tag{3.52}$$

$$C'_r=\frac{1}{224}(C_{r(8)}-128)$$

上列式子的逆轉換，如下所表示

$$\begin{pmatrix} R' \\ G' \\ B' \end{pmatrix}_{601} = \begin{pmatrix} 1.0000 & 0.000 & 1.4020 \\ 1.0000 & -0.3441 & -0.7141 \\ 1.0000 & 1.7720 & 0.0000 \end{pmatrix}\begin{pmatrix} Y' \\ C'_b \\ C'_r \end{pmatrix}_{601} \tag{3.53}$$

最後，範圍[0, 1]實數的 R'G'B' 訊號使用以下的式子，轉換成 8 位元的 RGB 數位訊號。

$$R_{601(8)} = 255\times R'_{601}$$

$$G_{601(8)} = 255\times G'_{601} \tag{3.54}$$

$$B_{601(8)} = 255\times B'_{601}$$

在此假設螢幕的輸入訊號是 8 位元寬。

為了方便，整理式(3.53)、(3.54)以及(3.52)，轉換 8 位元 YCbCr 訊號至 RGB 訊號的陣列表示如下

$$
\begin{pmatrix} R \\ G \\ B \end{pmatrix}_{601(8)} = \begin{pmatrix} 1.164 & 0.000 & 1.596 \\ 1.164 & -0.391 & -0.813 \\ 1.164 & 2.018 & 0.000 \end{pmatrix} \left(\begin{pmatrix} Y \\ C_b \\ C_r \end{pmatrix}_{601(8)} - \begin{pmatrix} 16 \\ 128 \\ 128 \end{pmatrix} \right) \tag{3.55}
$$

3.6　多媒體預設色彩空間 sRGB 的國際標準

3.6.1　sRGB 標準之目的

具有不同色域的數位相機、掃描器、螢幕、列表機等等[8] 的裝置之間，需要一個能夠有效率地處理影像資料的標準規格。因此，有一種方法是將每個影像都帶有 ICC(International Color Consortium)屬性，影像檔案越大的時候，需要更多時間來解析處理而顯得沒有效率。

在此，電腦的影像表示或數位相機的影像產生等等，需要有一個規格（伽馬補償、標準色域）作為標準，於一般用途之中，能夠確保足夠的色域或畫質。IEC 61966-2-1 標準[3]，是根據這種標準所制訂出的國際標準（俗稱 sRGB 標準）。這個所定義的影像資料是 8 位元的 RGB 訊號。這樣的話，接收端是標準色域的輸出裝置的情況，接收到的影像訊號不必處理，可以直接地使用。不同於標準色域的輸出裝置情況下，對色域進行轉換至合於裝置色域之 3 原色即可。

另外，處理標準色域以外的影像之情況，增加延伸 IEC 61966-2-1 標準的 IEC 61966-2-1 Amendment 1[4]，這是 bg-sRGB 標準和 sYCC 標準。

bg-sRGB 標準與 sYCC 標準，是把 sRGB 標準的標準色域當作基準來解讀 RGB 影像訊號，RGB 值的範圍被擴大至負值與比 1 更大的值，具有更高的色彩表現能力。

　　3.6 節中說明關於 sRGB 標準，bg-sRGB 標準在 3.7 節，sYCC 標準訊號是在 3.8 節分別做解說。bg-sRGB 標準、sYCC 標準是 sRGB 標準的延伸版本，也有的會將這些標準整理後稱為 sRGB 標準，本書中為了不造成誤解，將 IEC 61966-2-1 標準稱為 sRGB 基礎標準。

　　sRGB 標準是由編碼與解碼所組成。編碼於輸入裝置用來產生影像資料，解碼是在輸出裝置用於顯示影像。

　　根據標準，從相機或掃描器產生影像資料的過程，被稱為編碼處理。圖 3.14 表示的是編碼的主要處理內容。在輸入裝置端，將裝置具有之色域的 RGB 訊號，轉換成與裝置無關的 XYZ 訊號。這部分是與裝置的不同而有所差異，不包含於 sRGB 標準。XYZ 訊號轉換至標準色域的 RGB 訊號，另外進行伽馬補償變成 R'G'B' 訊號。

　　R'G'B' 訊號與定義的位元寬度(N)整合後轉換為整數，當作 RGB 訊號而輸出。

　　電腦的顯示，以及透過列表機來印刷，接收的影像資料轉換為 XYZ 的過程被稱為解碼處理。從 XYZ 轉換至用於裝置輸出的 RGB 的部分，因為與裝置相關，關於這一部份沒有規定在 RGB 標準中。關於解碼處理，首先，將裝置端接收到的 N 位元 RGB 整數資料，復原至標準化之前的實數資料 R'G'B'。接著，進行反伽馬處理（伽馬補償的逆向處理），得到 RGB 資料。最後，得到的 RGB 資料轉換為 XYZ。

　　這一節所提到的 sRGB 標準的訊號組成，和 3.3～3.5 節所描述的方法不同。相對於 sRGB 標準的影像資料是 RGB 訊號，在 3.4 節中提到的 HDTV 標準或 3.5 節所提到的 SDTV 標準的影像資料之中，是將 YCbCr 訊號當作處理的對象。

3.6.2　sRGB 標準螢幕與標準觀測環境

sRGB 標準中，採用 CRT 當作標準螢幕。表 3.5 是表示 sRGB 之標準螢幕的條件，這個螢幕的 3 原色與白色點的色度座標，和 ITU-R BT. 709 相同。標準螢幕的輝度是 80cd/m^2。

表 3.6 所表示的是 sRGB 的標準觀測環境。這個內容可以分為兩部分，其中之一，是關於螢幕本身，記載於表 3.6 的 a)與 c)。特徵方面，其色度座標是與螢幕的白色點相同，為 D65（色度座標：$x = 0.3127$，$y = 0.3290$）。其中之二，是關於螢幕以外的周圍環境部分，記載於表 3.6 的 b)，d)，e)。特徵方面，該色度座標是和環境光的色溫度相同 D50（$x = 0.3457$，$y = 0.3585$）。

表 3.5　sRGB 的標準螢幕的特性指標

CRT 輝度強度	$80 \text{ cd} / \text{m}^2$	
CRT 伽馬特性	2.2	
原色	x	y
R	0.640	0.330
G	0.300	0.600
B	0.150	0.060
白色點 (D_{65})	0.3127	0.3290

表 3.6　sRGB 的標準觀測環境

a)	背景條件	$16 \text{ cd} / \text{m}^2$（螢幕輝度的 20%）D65
b)	周圍條件	$4.1 \text{ cd} / \text{m}^2$（環境光源強度的 20%）D50
c)	鄰近背景	$16 \text{ cd} / \text{m}^2$（螢幕輝度的 20%）D65
d)	環境光的照度	64 1x
e)	環境光源的白色點	D50 ($x = 0.3457$, $y = 0.3585$)
f)	強光	$0.2 \text{ cd} / \text{m}^2$
g)	標準觀察者	CIE 1931 的 2 度視野

a)之背景所指的是在螢幕不顯示影像的部分，表 3.5 中記載的顯示輝度大小的 20%，值為 $16 \text{ cd} / \text{m}^2$。c)之鄰近背景，所指的是影像周圍的螢幕部分，該條件和 a)相同。因為設定項目 c)，關於被映射出的影像評價，是為了避免除了這個影像，

螢幕部分也作爲評價的對象。

b)之周圍條件是規定於環境光的 20%。因爲 d)的環境光照度是 64(lx, 勒克斯)，關於 b)「周圍有發光源的話，它的輝度是 $L = (M / \pi) \times 20\% = (64 / 3.14) \times 20\% = 4.1 \, \text{cd} / \text{m}^2$」

f)之強光所指的是螢幕的反射，與反射的倒影（經過反射能看到的影像）。這個的最大值被訂爲 $0.2 \, \text{cd} / \text{m}^2$。另外，在 sRGB 標準中，採用了 CIE 1931 的 2 度視野。

如同前述，表 3.6 的項目 d)的環境光照度，是被 64(lx)與暗處所設定。對於螢幕，根據照明環境不同，色彩的感覺也會有改變。透過設定比平常的操作環境更暗的照明環境，能夠抑制觀測環境的影響。這個可以算是把目標集中在螢幕的測光，以及測色上面。

「螢幕的白色點明明是 D65，爲何對於環境光的白色點是使用 D50？」對於這個的理由，因爲印刷品多半是在室內閱讀，而認爲該用色溫度較低的 D50 標準光。

D50 光源被當作標準光源用在原稿的色彩評估、墨水色彩的配色，印刷品的色彩評價等等。電視機等等的影像顯示裝置因爲是在室內觀看，通常螢幕的白色點是 D50 較佳而非 D65，白色點搭配 D50 之下，黃色看起來相當地暗。另一方面，白色的相片用紙以 D50 的照明來觀察的話，偏爲藍色。根據考量到實現高輝度與印刷等等的色調之和諧，可以考慮將螢幕的白色點訂爲 D65。

表 3.7　sRGB 的一般觀看環境

a) 環境光的照度	$350 \, \text{lx}$
b) 環境光源的白色點	D50 ($x = 0.3457, y = 0.3585$)
c) 螢幕表面反射	$5.57 \, \text{cd} / \text{m}^2$（環境光源強度的 5%）

　　爲了能在明亮的辦公室中觀看電視，sRGB 標準[*3]的 Annex D 裡表 3.7 定義了環境條件。環境光的照度被設定爲 350(lx)，螢幕的表面反射被修訂爲環境光大小的 5%。表 3.7 之 c)項目的表面反射，這個被視爲一個光源，以環境光源大小的 5%，其值爲

$$L = (M/\pi) \times 5\% = (350/3.14) \times 0.05 = 5.57 \, \text{cd}/\text{m}^2$$

（計算式是參考第一章的式(1.14)）。

　　sRGB 之標準螢幕的色域和標準的基本內容，被定義在 IEC 61966-2-1[*3] 之中。sRGB 的色彩空間不包含負的 RGB，以及比 1 大的 RGB 值。此色彩空間被稱爲 **sRGB 標準色彩空間**。sRGB 標準色彩空間中能夠重現的色彩範圍，被稱爲 **sRGB 標準色域**。現在有許多的螢幕都已經超過 sRGB 標準色域。因此修訂 sRGB 標準，延伸到 bg-sRGB 和 sYCC 等等的色彩空間。眾所周知，延伸後的 sRGB 標準之中，定義了對於負值與大於 1 的 RGB 值的色度座標值。延伸的 sRGB 色彩空間之中有 bg-sRGB 色彩空間、sYCC 色彩空間以及 scRGB 色彩空間。這些色彩空間之中能夠重現的色域，比 sRGB 標準色域來得廣。

3.6.3　sRGB 的編碼處理

　　如圖 3.14 所表示，sRGB 編碼的處理內容是 CIE 1931 XYZ 空間轉換至 N 位元的 RGB。

　　sRGB 標準螢幕的 3 原色，以及白色點是和 ITU-R BT. 709 相同，可以原封不動地利用式(3.30)當作 XYZ 至 RGB 的轉換式。爲了方便參考，轉載於式(3.56)。

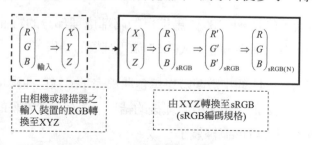

圖 3.14　sRGB 編碼部分（實線區域）

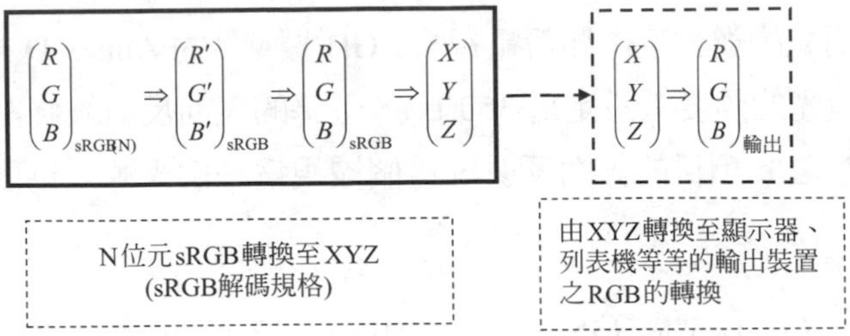

$$\begin{pmatrix} R \\ G \\ B \end{pmatrix}_{sRGB(N)} \Rightarrow \begin{pmatrix} R' \\ G' \\ B' \end{pmatrix}_{sRGB} \Rightarrow \begin{pmatrix} R \\ G \\ B \end{pmatrix}_{sRGB} \Rightarrow \begin{pmatrix} X \\ Y \\ Z \end{pmatrix} \dashrightarrow \begin{pmatrix} X \\ Y \\ Z \end{pmatrix} \Rightarrow \begin{pmatrix} R \\ G \\ B \end{pmatrix}_{輸出}$$

N位元sRGB轉換至XYZ
（sRGB解碼規格）

由XYZ轉換至顯示器、
列表機等等的輸出裝置
之RGB的轉換

圖 3.15　sRGB 解碼部分（實線區域）

$$\begin{pmatrix} R \\ G \\ B \end{pmatrix}_{sRGB} = \begin{pmatrix} 3.2406 & -1.5372 & -0.4986 \\ -0.9686 & 1.8758 & 0.0415 \\ 0.0557 & -0.2040 & 1.0570 \end{pmatrix} \begin{pmatrix} X \\ Y \\ Z \end{pmatrix} \quad (3.56)$$

　　考量到本章 3.3.3 所描述到的暗部雜訊，關於 sRGB 標準的伽馬補償，值零附近利用斜率 $k=12.92$ 的直線進行補償。sRGB 標準的伽馬補償，如同式(3.57)所表示。根據前述的理由，注意在此式之中，伽馬補償不是 1/2.2，而是使用 1/2.4 的指數函數。如果，輸入裝置的色域與 sRGB 標準色域相同的話，不經過式(3.56)的處理，進行伽馬補償處理。

$$R'_{sRGB} = \begin{cases} R_{sRGB} \times 12.92 ; & R_{sRGB} \le 0.0031308 \\ 1.055 \times R_{sRGB}^{1/2.4} - 0.055 ; & R_{sRGB} > 0.0031308 \end{cases}$$

$$G'_{sRGB} = \begin{cases} G_{sRGB} \times 12.92 ; & G_{sRGB} \le 0.0031308 \\ 1.055 \times G_{sRGB}^{1/2.4} - 0.055 ; & G_{sRGB} > 0.0031308 \end{cases} \quad (3.57)$$

$$B'_{sRGB} = \begin{cases} B_{sRGB} \times 12.92 ; & B_{sRGB} \le 0.0031308 \\ 1.055 \times B_{sRGB}^{1/2.4} - 0.055 ; & B_{sRGB} > 0.0031308 \end{cases}$$

　　圖 3.16 所表示的是 sRGB 伽馬補償的暗部處理部分的特性。藍色是斜率 $k=12.92$ 的直線，紅色曲線是透過式(3.57)伽馬補償的結果。

　　為了做為參考，0.45 的指數函數以黑色曲線表示。綠色曲線是 sRGB 伽馬補償資料（紅色）用 2.2 的指數函數處理後的結果。這相當於螢幕的表示。可以知道綠色曲線是和斜率 $k=1$ 的直線幾乎一致。

　　圖 3.17 表示的是 sRGB 的伽馬補償的全圖。紅色曲線是 sRGB 的伽馬補償之結果。可以得知，此補償的結果和 0.45 指數函數的補償（黑色曲線）結果非常接近。另外，紅色曲線以 2.2 的指數函數處理後得到的結果，以綠色曲線，螢幕上的顯示特性所表示。綠色曲線和斜率 $k=1$ 的直線幾乎一致。比起透過圖 3.13 的 ITU-R BT. 709 的伽馬補償，sRGB 的伽馬補償比較接近於理想。

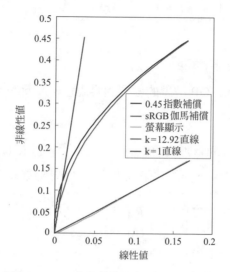

圖 3.16　sRGB 伽馬補償的暗部處理部分的特性

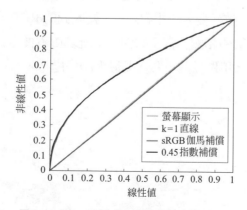

圖 3.17　sRGB 基本色彩空間的伽馬補償曲線

最後，伽馬補償後的 R'G'B' 值配合位元寬度調整爲整數值後，編碼處理結束。接下來的式子，是表示位元寬度爲 8 之情況下的轉換處理。乘上 $(2^8-1)=255$ 之後捨去小數部分，整數的部分就是編碼處理的結果。

$$\begin{pmatrix} R \\ G \\ B \end{pmatrix}_{sRGB(8)} = \text{int}\left(255 \times \begin{pmatrix} R' \\ G' \\ B' \end{pmatrix}_{sRGB} \right) \tag{3.58}$$

3.6.4　sRGB 的解碼處理

如圖 3.15 所表示，sRGB 解碼的處理內容，是 N 位元的 RGB 轉換至 CIE 1931 XYZ 空間。

首先，進行 N 位元的整數 RGB 復原至原本的實數 R'G'B' 的處理。N 爲 8 的情況下，該復原處理透過下面的式子來進行。此式爲式(3.58)的反向運算。

$$\begin{pmatrix} R' \\ G' \\ B' \end{pmatrix}_{sRGB} = \begin{pmatrix} R \\ G \\ B \end{pmatrix}_{sRGB(8)} \div 255 \tag{3.59}$$

但是，顯示系統等等的設備之色域是 sRGB 標準色域的話，解碼處理就不是必要的。此時，若是 8 位元輸入的相容設備，接收到的 RGB 之值可以就這樣地使用。在現況中，包括網路相關相當多的顯示系統裝置就像是此例一樣。這個可以說是 sRGB 色彩空間，用做預設色彩空間最大的好處。

接下來，透過式(3.59)所得到的 R'G'B' 進行逆伽馬處理（伽馬補償的逆向處理），求線性的 RGB。伽馬補償式(3.57)的逆運算之逆伽馬處理如同下列所表示

$$R_{sRGB} = \begin{cases} R'_{sRGB} \div 12.92 & R'_{sRGB} \leq 0.04045 \\ ((R'_{sRGB} + 0.055) \div 1.055)^{2.4} & R'_{sRGB} > 0.04045 \end{cases}$$

$$G_{sRGB} = \begin{cases} G'_{sRGB} \div 12.92 & G'_{sRGB} \leq 0.04045 \\ ((G'_{sRGB} + 0.055) \div 1.055)^{2.4} & G'_{sRGB} > 0.04045 \end{cases} \quad (3.60)$$

$$B_{sRGB} = \begin{cases} B'_{sRGB} \div 12.92 & B'_{sRGB} \leq 0.04045 \\ ((B'_{sRGB} + 0.055) \div 1.055)^{2.4} & B'_{sRGB} > 0.04045 \end{cases}$$

最後，將線性的 RGB 轉換成 XYZ 而結束解碼處理。色域的基準因為與編碼相同，這個轉換可用轉換式(3.56)的逆轉換來實現。從 RGB 到 XYZ 的轉換式，如同下面所表示。注意此式和式(3.29)相同

$$\begin{pmatrix} X \\ Y \\ Z \end{pmatrix} = \begin{pmatrix} 0.4121 & 0.3576 & 0.1805 \\ 0.2126 & 0.7152 & 0.0722 \\ 0.0193 & 0.1192 & 0.9505 \end{pmatrix} \begin{pmatrix} R \\ G \\ B \end{pmatrix}_{sRGB} \quad (3.61)$$

在輸出裝置，從上列式子得到的 XYZ 配合本身的色域計算出 RGB 的值。

3.7   sRGB 的延伸色彩空間 bg-sRGB

3.7.1   bg-sRGB 標準之目的

在章節 3.6.2 中描述過的 sRGB 標準色彩空間，超過標準色域的色彩是無法表現。

如同由式(3.58)所得知，8 位元編碼的 RGB 值是[0, 255]的正整數，與伽馬補償後的 R'G'B' 值的實數範圍[0, 1]對應。另外，關於線性的 RGB 值也和實數的範圍[0, 1]對應。超過標準色域的 RGB，是負的以及比 1 還大的值，在章節 3.6.2 的 sRGB 基本標準，關於這些 RGB 沒有被提到。

爲了能對應比 sRGB 標準色彩空間還廣的色域，修訂 sRGB 標準導入了 bg-sRGB 色彩空間（參考文獻 4 Annex G），與 sYCC 色彩空間（參考文獻 4 Annex F）。本節中僅對於 bg-sRGB 空間進行解說，於下一節將會描述關於 sYCC 色彩空間。

bg-sRGB 標準是定義在 8 位元以上任意長度的編碼處理，因爲較常使用的是 10 位元，接觸到詳細的標準之前先透過圖 3.18，說明如何地對色彩空間進行延伸。

在 sRGB 標準色彩空間，因爲是以 8 位元來表示 RGB 的值，能夠表現的色調是 256。在 bg-sRGB 色彩空間的話，如先前所述，編碼是用 10 位元來表示 RGB 的值。sRGB 標準色彩空間分配爲整數的範圍[384, 894]後，能夠表現的色調增加爲 511。負的 RGB 值是分配在整數的範圍[0, 383]中，比 1.0 還大的 RGB 是在值整數的範圍[895, 1023]。透過這樣的操作，能夠表現出超過 sRGB 標準色域的色彩。

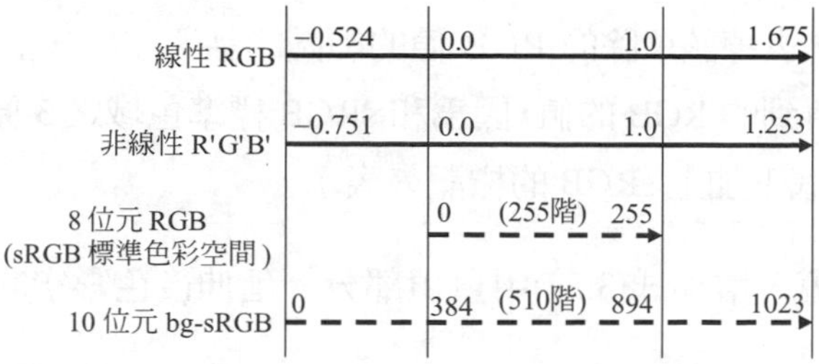

圖 3.18　bg-sRGB 與基本 sRGB 的表現範圍（實線：實數，虛線：整數）

圖 3.18 中是表示線性的 RGB 值，與伽馬補償後非線性的 R'G'B' 值的表示範圍。整數的範圍[384, 894]與實數 1.0 對應後，能夠算出非線性的 R'G'B' 之上限值與下限值。另外，透過後續將描述到的式(3.68)，能夠從非線性的 R'G'B' 求出線性的 RGB 之範圍。

對於輸入系統的相機與掃描器，基於 bg-sRGB 標準產生影像資料。透過這個，於顯示系統的螢幕與輸出系統的電腦，將這影像資料接收，配合個別的色域能夠有效地使用影像資料。

3.7.2　bg-sRGB 編碼

對於輸入系統的相機與掃描器，首先，必須對本身色域基準的 RGB 轉換為 XYZ 之處理，因為這樣的處理是與裝置相關，沒有特別地去制訂標準。從 CIE 1931 XYZ 空間至 RGB 空間的轉換處理，與 sRGB 的基本規格完全相同。

轉換後 RGB 的值之中，包含負的值以及比 1 大的值。

CIE 1931 XYZ 空間至 RGB 空間的轉換處理，透過下列的式子來進行

$$\begin{pmatrix} R \\ G \\ B \end{pmatrix}_{sRGB} = \begin{pmatrix} 3.2406 & -1.5372 & -0.4986 \\ -0.9689 & 1.8758 & 0.0415 \\ 0.0557 & -0.2040 & 1.0570 \end{pmatrix} \begin{pmatrix} X \\ Y \\ Z \end{pmatrix} \tag{3.62}$$

　　上面的式子，去掉該移除的 RGB 值的範圍的話，在形式上和式(3.56)相同。透過這個式子所得到的 RGB 的值，因為和 sRGB 標準色域之 3 原色的值的意義不變，RGB 的矩陣底下加上 sRGB 的標記來表示。

　　關於伽馬補償，增加式(3.57)中負值部分。延伸後色彩空間的伽馬補償的式子，如下列

$$
R'_{\text{sRGB}} = \begin{cases} -1.055 \times (-R_{\text{sRGB}})^{1/2.4} + 0.055\,; & R_{\text{sRGB}} < -0.0031308 \\ R_{\text{sRGB}} \times 12.92\,; & -0.0031308 \le R_{\text{sRGB}} \le 0.0031308 \\ 1.055 \times R_{\text{sRGB}}^{1/2.4} - 0.055\,; & R_{\text{sRGB}} > 0.0031308 \end{cases}
$$

$$
G'_{\text{sRGB}} = \begin{cases} -1.055 \times (-G_{\text{sRGB}})^{1/2.4} + 0.055\,; & G_{\text{sRGB}} < -0.0031308 \\ R_{\text{sRGB}} \times 12.92\,; & -0.0031308 \le G_{\text{sRGB}} \le 0.0031308 \\ 1.055 \times G_{\text{sRGB}}^{1/2.4} - 0.055\,; & G_{\text{sRGB}} > 0.0031308 \end{cases} \quad (3.63)
$$

$$
B'_{\text{sRGB}} = \begin{cases} -1.055 \times (-B_{\text{sRGB}})^{1/2.4} + 0.055\,; & B_{\text{sRGB}} < -0.0031308 \\ B_{\text{sRGB}} \times 12.92\,; & -0.0031308 \le B_{\text{sRGB}} \le 0.0031308 \\ 1.055 \times B_{\text{sRGB}}^{1/2.4} - 0.055\,; & B_{\text{sRGB}} > 0.0031308 \end{cases}
$$

　　這個伽馬補償，除 bg-sRGB 色彩空間之外也為 sYCC 色彩空間所使用，另外考量到式(3.57)包含在式(3.63)，式(3.63)被稱為「sRGB 標準的伽馬補償」。

　　圖 3.19 是透過式(3.63)的伽馬補償的結果。紅色曲線是與式(3.57)對應的基礎部分。

　　伽馬補償後的 R'G'B' 值轉換為整數標準化處理，是透過下列式子來進行。

$$
R_{\text{bg-sRGB}} = \operatorname{int}\left((WDC - KDC) \times R'_{\text{sRGB}} + KDC \right)
$$

$$
G_{\text{bg-sRGB}} = \operatorname{int}\left((WDC - KDC) \times G'_{\text{sRGB}} + KDC \right) \quad (3.64)
$$

$$
B_{\text{bg-sRGB}} = \operatorname{int}\left((WDC - KDC) \times B'_{\text{sRGB}} + KDC \right)
$$

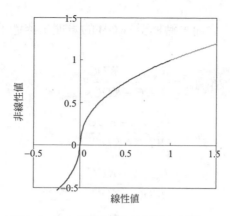

圖 3.19　sRGB 延伸色彩空間的伽馬補償曲線

由上列的公式，WDC(white digital count)是白色點的數位值，KDC(black digital count)是黑色點的數位值。

10 位元的 bg-sRGB 的情況下，WDC＝894，KDC＝384。將 WDC 與 KDC 代入到式(3.64)求其轉換式，得到下列

$$R_{\text{bg-sRGB(10)}} = \text{int}\left(510 \times R'_{\text{sRGB}} + 384\right)$$

$$G_{\text{bg-sRGB(10)}} = \text{int}\left(510 \times G'_{\text{sRGB}} + 384\right) \tag{3.65}$$

$$B_{\text{bg-sRGB(10)}} = \text{int}\left(510 \times B'_{\text{sRGB}} + 384\right)$$

3.7.3　bg-sRGB 解碼

解碼處理是編碼的逆向處理。具體來說，這個處理是從 bg-sRGB 空間轉換至 CIE 1931 XYZ 空間。在螢幕和電腦使用 XYZ 值，對於個別色域搭配的 3 原色進行處理，但是在標準中對於與裝置相關的部分則沒有定義。

將 bg-sRGB 標準化之前，轉換至 sRGB 的處理，透過下列式子來進行。

$$R'_{\text{sRGB}} = \frac{R_{\text{bg-sRGB}} - KDC}{WDC - KDC}$$

$$G'_{\text{sRGB}} = \frac{G_{\text{bg-sRGB}} - KDC}{WDC - KDC} \qquad (3.66)$$

$$B'_{\text{sRGB}} = \frac{B_{\text{bg-sRGB}} - KDC}{WDC - KDC}$$

以上所進行的處理為式(3.64)的逆運算。這些式子之中，WDC 以及 KDC 分別是白色點與黑色點的數位值。

對應 10 位元之 bg-sRGB 的 WDC＝894，KDC＝384，代入式(3.66)之後，得到下列的轉換式。

$$R'_{\text{sRGB}} = \frac{R_{\text{bg-sRGB(10)}} - 384}{510}$$

$$G'_{\text{sRGB}} = \frac{G_{\text{bg-sRGB(10)}} - 384}{510} \qquad (3.67)$$

$$B'_{\text{sRGB}} = \frac{B_{\text{bg-sRGB(10)}} - 384}{510}$$

透過上列的式子在伽馬補償後之 R'G'B' 值，經過以下的式子進行逆伽馬處理後，可以得到線性的 RGB 值。

$$R_{sRGB} = \begin{cases} -((-R'_{sRGB}+0.055) \div 1.055)^{2.4} ; & R'_{sRGB} < -0.04045 \\ R'_{sRGB} \div 12.92 ; & -0.04405 \leq R'_{sRGB} \leq 0.04045 \\ ((R'_{sRGB}+0.055) \div 1.055)^{2.4} ; & R'_{sRGB} > -0.04045 \end{cases}$$

$$G_{sRGB} = \begin{cases} -((-G'_{sRGB}+0.055) \div 1.055)^{2.4} ; & G'_{sRGB} < -0.04045 \\ G'_{sRGB} \div 12.92 ; & -0.04405 \leq G'_{sRGB} \leq 0.04045 \\ ((G'_{sRGB}+0.055) \div 1.055)^{2.4} ; & G'_{sRGB} > 0.04045 \end{cases} \quad (3.68)$$

$$B_{sRGB} = \begin{cases} -((-B'_{sRGB}+0.055) \div 1.055)^{2.4} ; & B'_{sRGB} < -0.04045 \\ B'_{sRGB} \div 12.92 ; & -0.04405 \leq B'_{sRGB} \leq 0.04045 \\ ((B'_{sRGB}+0.055) \div 1.055)^{2.4} ; & B'_{sRGB} > 0.04045 \end{cases}$$

以上的式子是 sRGB 伽馬補償的式(3.63)的逆運算。

因為線性 RGB 是以 sRGB 標準色彩空間為基準，利用式(3.62)的逆轉換，可以透過下列的式子從 RGB 得到 XYZ。

$$\begin{pmatrix} X \\ Y \\ Z \end{pmatrix} = \begin{pmatrix} 0.4124 & 0.3576 & 0.1805 \\ 0.2126 & 0.7152 & 0.0722 \\ 0.0193 & 0.1192 & 0.9505 \end{pmatrix} \begin{pmatrix} R \\ G \\ B \end{pmatrix}_{sRGB} \quad (3.69)$$

這個轉換式和 ITU-R BT. 709 的轉換式(3.29)在形式上相同，不同點在於，式(3.69)的 RGB 之中包含了負值與大於 1 的值。

3.7.4　bg-sRGB 色彩空間與 sRGB 標準色彩空間的相互轉換

在滿足 sRGB 標準色域的電腦等等之輸出設備中，接收 10 位元的 bg-sRGB 值後不需要進行複雜的解碼處理，僅利用下列式子轉換為 8 位元的 sRGB 值即可。

$$R_{sRGB(8)} = \text{int}\left(\left(R_{bg\text{-}sGRB(10)} - 384\right)/2\right)$$

$$G_{sRGB(8)} = \text{int}\left(\left(G_{bg\text{-}sRGB(10)} - 384\right)/2\right) \quad (3.70)$$

$$B_{sRGB(8)} = \text{int}\left(\left(B_{bg\text{-}sGRB(10)} - 384\right)/2\right)$$

由於透過上列的式子處理後為 8 位元，負值和大於 1 的 RGB 值都被捨去。因此，僅支援 sRGB 標準色域的輸出設備，會將 sRGB 標準色域以外的色彩資訊捨棄。

另外，8 位元的 sRGB 標準色彩空間的值，能夠利用下列式子，轉換為 10 位元的 bg-sRGB 色彩空間的值。

$$R_{\text{bg-sRGB}(10)} = \text{int}\left(2 \times R_{\text{sGRB}(8)} + 384\right)$$

$$G_{\text{bg-sRGB}(10)} = \text{int}\left(2 \times G_{\text{sGRB}(8)} + 384\right) \qquad (3.71)$$

$$B_{\text{bg-sRGB}(10)} = \text{int}\left(2 \times B_{\text{sGRB}(8)} + 384\right)$$

上列的式子，僅表示形式上之轉換處理。因此，10 位元的整數區間：bg-sRGB 值之中不會包含[0, 383]與[895, 1023]。

3.8　sRGB 的延伸色彩空間 sYCC

3.8.1　sYCC 標準的目的

3.4 節中描述到的 ITU-R BT. 709 的 HDTV 標準，與 3.5 節提到的 ITU-R BT. 601 的 SDTV 標準之中，使用輝度、色差的色彩空間（YCbCr 色彩空間）。sYCC 色彩空間是以 sRGB 標準色域為基準的輝度、色差之色彩空間。關於 sYCC 色彩空間相較於 sRGB 標準色彩空間，色域延伸的原因將透過圖 3.20 來說明。如同 3.6 節所描述，sRGB 標準色域因為是直接使用 HDTV 標準與 SDTV 標準的色域，sRGB 標準色域具有和 HDTV 標準及 SDTV 標準相同的色域。圖 3.20 中利用粉紅色來表示這個色域。

sYCC 色彩空間採用 SDTV 標準的輝度・色差的轉換式(3.50)。利用式(3.50)，對於實數範圍[0, 1]之 R'G'B'，可以求出範圍[0, 1]的 Y' 與範圍[-0.5, 0.5]的 C'bC'r。但是對於實數範圍[0, 1]的 Y' 與範圍[-0.5, 0.5]的 C'bC'r，從式(3.53)得到

的 R'G'B' 值，不一定是在實數範圍[0, 1]。也就是說 Y'C'bC'r 的各個訊號，不僅
是值的範圍，它的組合也是一樣地重要。

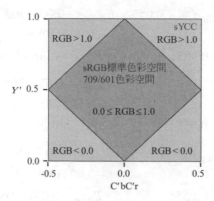

圖 3.20　sYCC 色彩空間中延伸的色域（淡藍色）與 sRGB 標準色域（粉紅色）

　　圖 3.20 中淡藍色所表示的部分，是負值與大於 1 的 RGB 之範圍。以淡藍色
所表示部分的色域，不包含 sRGB 標準色域、SDTV 標準的色域及 HDTV 標準的
色域。sYCC 色彩空間[*4]，是將舊有的 YCbCr 值的範圍作有效地利用，來顯示超
過 sRGB 標準色域的色彩。

3.8.2　sYCC 的編碼

　　編碼處理是從輸入系統的設備端，得到的 CIE 1931 XYZ 訊號，轉換成 sYCC
色彩空間的影像資料。因爲是以 sRGB 標準色域當作基準色域，轉換的內容和
bg-sRGB 色彩空間中所描述過的式(3.62)相同。在這裡爲了方便起見，用式(3.72)
再次記載。舉一個特例，輸入設備的色域是 sRGB 標準色域的話，就不需要進行
接下來的轉換處理。

$$\begin{pmatrix} R \\ G \\ B \end{pmatrix}_{sRGB} = \begin{pmatrix} 3.2406 & -1.5372 & -0.4986 \\ -0.9689 & 1.8758 & 0.0415 \\ 0.0557 & -0.2040 & 1.0570 \end{pmatrix} \begin{pmatrix} X \\ Y \\ Z \end{pmatrix} \tag{3.72}$$

　　從上面的式子所得到的線性 RGB 訊號進行伽馬補償。伽馬補償如同式(3.73)所定義的。這裡的伽馬補償式子，和式(3.63)是一樣的。

$$R'_{\text{sRGB}} = \begin{cases} -1.055 \times (-R_{\text{sRGB}})^{1/2.4} + 0.055\,; & R_{\text{sRGB}} < -0.0031308 \\ R_{\text{sRGB}} \times 12.92\,; & -0.0031308 \leq R_{\text{sRGB}} \leq 0.0031308 \\ 1.055 \times R_{\text{sRGB}}^{1/2.4} - 0.055\,; & R_{\text{sRGB}} > 0.0031308 \end{cases}$$

$$G'_{\text{sRGB}} = \begin{cases} -1.055 \times (-G_{\text{sRGB}})^{1/2.4} + 0.055\,; & G_{\text{sRGB}} < -0.0031308 \\ G_{\text{sRGB}} \times 12.92\,; & -0.0031308 \leq G_{\text{sRGB}} \leq 0.0031308 \\ 1.055 \times G_{\text{sRGB}}^{1/2.4} - 0.055\,; & G_{\text{sRGB}} > 0.0031308 \end{cases} \tag{3.73}$$

$$B'_{\text{sRGB}} = \begin{cases} -1.055 \times (-B_{\text{sRGB}})^{1/2.4} + 0.055\,; & B_{\text{sRGB}} < -0.0031308 \\ B_{\text{sRGB}} \times 12.92\,; & -0.0031308 \leq B_{\text{sRGB}} \leq 0.0031308 \\ 1.055 \times B_{\text{sRGB}}^{1/2.4} - 0.055\,; & B_{\text{sRGB}} > 0.0031308 \end{cases}$$

　　以上處理後的 RGB 訊號，轉換爲輝度、色差訊號。轉換處理的內容，如後續所表示。在 sYCC 色彩空間，採用了 SDTV 的轉換式(3.50)，關於這個轉換式的由來已經在章節 3.5.1 說明過。

$$\begin{pmatrix} Y' \\ C'_b \\ C'_r \end{pmatrix}_{\text{sYCC}} = \begin{pmatrix} 0.2990 & 0.5870 & 0.1140 \\ -0.1687 & -0.3313 & 0.5000 \\ 0.5000 & -0.4187 & -0.0813 \end{pmatrix} \begin{pmatrix} R' \\ G' \\ B' \end{pmatrix}_{\text{sRGB}} \tag{3.74}$$

　　最後，由上面的式子所得到的輝度、色差訊號，標準化爲 8 位元的正整數。

　　關於輝度訊號，因爲沒有負的值，乘上 255 之後的整數部分輸出。色差訊號的範圍因爲是在[-0.5, 0.5]的關係，乘上 255 之後需要加上 128 然後輸出。細節以下列式子來表示

$$\begin{pmatrix} Y \\ C_b \\ C_r \end{pmatrix}_{\text{sYCC(8)}} = \text{int}\left(255 \times \begin{pmatrix} Y' \\ C'_b \\ C'_r \end{pmatrix}_{\text{sYCC}} + \begin{pmatrix} 0 \\ 128 \\ 128 \end{pmatrix} \right) \tag{3.75}$$

上面的式子和 ITU-R BT. 709 的 HDTV 標準「式(3.38)」，以及 ITU-R BT. 601

的 SDTV 標準「式(3.51)」不同，沒有浪費工作邊限(working margin)。

3.8.3　sYCC 解碼

如同先前所常提到的，解碼處理是編碼處理的逆向處理。首先，開始將 8 位元正整數的輝度，以及色差訊號還原至標準化之前的實數值。對於這樣的處理來說，適用下面的式子

$$
\begin{pmatrix} Y' \\ C'_b \\ C'_r \end{pmatrix}_{sYCC} = \left(\begin{pmatrix} Y \\ C_b \\ C_r \end{pmatrix}_{sYCC(8)} - \begin{pmatrix} 0 \\ 128 \\ 128 \end{pmatrix} \right) \div 255
\tag{3.76}
$$

以上的式子為式(3.75)的逆運算。將透過式(3.76)所得到的輝度、色差訊號，經過伽馬補償後的 RGB 訊號，可利用下列式子求得。

$$
\begin{pmatrix} R' \\ G' \\ B' \end{pmatrix}_{sRGB} = \begin{pmatrix} 1.0000 & 0.0000 & 1.4020 \\ 1.0000 & -0.3441 & -0.7141 \\ 1.0000 & 1.7720 & 0.0000 \end{pmatrix} \begin{pmatrix} Y' \\ C'_b \\ C'_r \end{pmatrix}_{sYCC}
\tag{3.77}
$$

上列式子為式(3.74)的逆運算。

對伽馬補償過的 RGB 訊號進行逆伽馬處理，可以得到線性 RGB 訊號。使用下列式子，來進行逆伽馬處理。

$$
R_{sRGB} = \begin{cases} -((-R_{sRGB} + 0.055) \div 1.055)^{2.4} \;; & R'_{sRGB} < -0.04045 \\ R'_{sRGB} \div 12.92 \;; & -0.04405 \le R'_{sRGB} \le 0.04045 \\ ((R'_{sRGB} + 0.055) \div 1.055)^{2.4} \;; & R'_{sRGB} > 0.04045 \end{cases}
$$

$$
G_{sRGB} = \begin{cases} -((-G'_{sRGB} + 0.055) \div 1.055)^{2.4} \;; & G'_{sRGB} < -0.04045 \\ G'_{sRGB} \div 12.92 \;; & -0.04405 \le G'_{sRGB} \le 0.04045 \\ ((G'_{sRGB} + 0.055) \div 1.055)^{2.4} \;; & G'_{sRGB} > 0.04045 \end{cases}
\tag{3.78}
$$

$$B_{sRGB} = \begin{cases} -((-B_{sRGB} + 0.055) \div 1.055)^{2.4}; & B'_{sRGB} < -0.04045 \\ B'_{sRGB} \div 12.92; & -0.04405 \leq B'_{sRGB} \leq 0.04045 \\ ((B'_{sRGB} + 0.055) \div 1.055)^{2.4}; & B'_{sRGB} > 0.04045 \end{cases}$$

以上式子與 bg-sRGB 的計算式(3.68)相同。

若接收端的設備是屬於 sRGB 標準色域的話，直接原封不動地用式(3.77)的非線性 RGB 訊號即可。如果不是這樣的話，需要透過以上的階段來求出 RGB 訊號。

最後所得到的線性 RGB 訊號轉換至 CIE 1931 XYZ 表色系，作為解碼的輸出。下列的轉換式與 bg-sRGB 色彩空間的式(3.69)相同。

$$\begin{pmatrix} X \\ Y \\ Z \end{pmatrix} = \begin{pmatrix} 0.4124 & 0.3576 & 0.1805 \\ 0.2126 & 0.7152 & 0.0722 \\ 0.0193 & 0.1192 & 0.9505 \end{pmatrix} \begin{pmatrix} R \\ G \\ B \end{pmatrix}_{sRGB} \tag{3.79}$$

所得到之 XYZ 值的運用可以傳遞給設備端。在設備端，為了搭配該色域，以新的色域當作基準，從 XYZ 值產生 RGB 訊號。

3.9　視頻訊號的延伸色彩空間 xvYCC

3.9.1　xvYCC 標準的目的

在介紹 xvYCC 標準之前，首先整理 HDTV 標準與 SDTV 標準的問題點。3.4 節的 HDYV 標準與 3.5 節的 SDTV 標準之中，所建議的輝度以及色差的色彩空間，與 sYCC 色彩空間不同，存在有工作邊限。此工作邊限沒有定義明確的用途，等同於未使用的狀況。xvYCC 的目的就是為了將這些有效地利用，處理超過 ITU-R BT. 709 標準色域的色彩資訊。

圖 3.21 所表示的是 8 位元的 HDTV 標準與 SDTV 標準的輝度及色差之使用情況。編碼前整數範圍[16, 235]的輝度值範圍，對應至實數[0.0, 1.0]，整數範圍[16, 240]是對應至色差值的編碼輸入前的實數[-0.5, 0.5]。

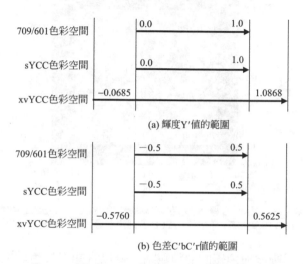

圖 3.21　709/601 標準的輝度與色差值之 8 位元的使用狀況
（實線部分：使用，虛線部分：不使用）

(a) 輝度Y′值的範圍

(b) 色差C′bC′r值的範圍

圖 3.22　對於各 YCC 色彩空間輝度與色差值的範圍

　　xvYCC 標準是利用這些未使用的工作邊限，顯示[0.0, 1.0]以外的輝度值，以及[-0.5, 0.5]以外的色差值。圖 3.22 的 xvYCC 色彩空間[*6]的範圍，8 位元之中的 0 與 255，被當作控制編碼來使用。

　　圖 3.22 所表示的是關於輝度、色差（YCC）系統的各色彩空間之輝度值以及色差值的範圍。ITU-R BT.709/601 標準與 sYCC 標準具有相同的範圍，輝度是實數範圍[0.0,1.0]，色差為實數範圍[-0.5, 0.5]。xvYCC 標準的輝度訊號之範圍是[-0.0685, 1.0868]，色差訊號的範圍是[-0.5760, 0.5625]。同樣使用的是 8 位元，xvYCC 具有比起 709/601 標準或 sYCC 標準還廣的訊號資訊範圍。

　　另外，圖 3.22 所表示的 sYCC 標準與 ITU-R BT.709/601 標準之值的範圍，是各訊號編碼輸入。關於編碼輸出之後，sYCC 標準與 ITU-R BT.709/601 標準的範圍相異。例如，對於編碼輸入前的輝度範圍[0.0,1.0]，sYCC 標準的編碼值範圍是[0,255]，ITU-R BT.709/601 標準的範圍是[16,235]。

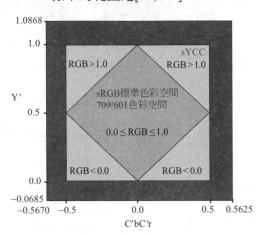

圖 3.23　以 sRGB 標準色彩空間為基準的各 YCC 色彩空間的色域
（粉紅：sRGB 標準色域，淺藍色：sYCC 的延伸部分，藍色 xvYCC 的延伸部分）

　　圖 3.22 僅表示輝度與色差的個別範圍，難以查知對於色域上的差異。為此，圖 3.23[*7]之中表示從輝度與色差兩邊看到的各色彩空間的色域。圖 3.23 是在圖 3.20 中增加 xvYCC 色彩空間的範圍。輝度與色差範圍是和圖 3.22 所表示的相同。透過圖 3.23 可以知道 xvYCC 色彩空間能夠顯示的色域，比起 sYCC 色彩空間還來得廣。

3.9.2　xvYCC 標準的標準螢幕

　　xvYCC 色彩空間是延伸自 ITU-R BT. 709/601 色彩空間，該基準色域必須要和 ITU-R BT. 709/601 相同。在 xvYCC 標準，決定色域的 3 原刺激與白色點的色度座標，如表 3.8 之中所示。這與表 3.3 中所表示的 HDTV 各色度座標相同。xvYCC 的目的是處理超過這個標準色域的色彩。

表 3.8　xvYCC 標準的 3 原刺激與白色點的色度座標

色度座標	原色 R	原色 G	原色 B	白色點 (D_{65})
x	0.6400	0.3000	0.1500	0.3127
y	0.3300	0.6000	0.0600	0.3290
z	0.3000	0.1000	0.7900	0.3583

3.9.3　xvYCC 編碼

　　圖 3.24 表示的是 xvYCC 編碼的處理概要。輸入系統裝置以本身所裝備的 CCD 或 CMOS 感測器的色域為基準，從 RGB 值轉換至 CIE 1931 XYZ 值。得到的 XYZ，於章節 3.9.2 所描述過的 xvYCC 標準色域為基準之下，再轉換為 RGB，經過最後處理，標準化為 8 位元的輝度與色差訊號。

　　首先，XYZ 轉換為 RGB 的處理，透過下列式子來進行。

$$\begin{pmatrix} R \\ G \\ B \end{pmatrix}_{\text{xvYCC}} = \begin{pmatrix} 3.2410 & -1.5374 & -0.4986 \\ -0.9692 & 1.8760 & 0.0416 \\ 0.0556 & -0.2040 & 1.0570 \end{pmatrix} \begin{pmatrix} X \\ Y \\ Z \end{pmatrix} \tag{3.80}$$

　　由於 xvYCC 標準所採用的標準色域和 sRGB 是同一個，式(3.80)應該和 sRGB 標準的轉換式(3.56)相同，一部份的係數從小數點後 3 位與式(3.56)不同。這可以視為推導的過程中，係數所產生出的誤差，式(3.80)與式(3.56)可以認定為是相同的。

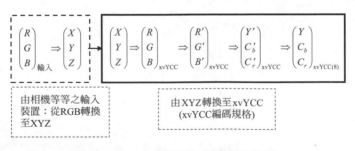

圖 3.24　xvYCC 編碼部分（實線框的部分）

　　這些的處理和 HDTV 以及 SDTV 標準的處理幾乎相同。利用式(3.80)求到的
RGB 值，由於存在負值與大於 1 的值，伽馬補償的式子增加式(3.31)之中關於負
值的部分。xvYCC 標準的伽馬補償，透過如下式子來進行。

$$
R'_{\text{xvYCC}} = \begin{cases} -1.099 \times (-R_{\text{xvYCC}})^{0.45}; & R_{\text{xvYCC}} \leq -0.018 \\ 4.500 R_{\text{xvYCC}}; & -0.018 < R_{\text{xvYCC}} < 0.018 \\ 1.099 R_{\text{xvYCC}}^{0.45} - 0.099; & R_{\text{xvYCC}} \geq 0.018 \end{cases}
$$

$$
G'_{\text{xvYCC}} = \begin{cases} -1.099 \times (-G_{\text{xvYCC}})^{0.45}; & G_{\text{xvYCC}} \leq -0.018 \\ 4.500 G_{\text{xvYCC}}; & -0.018 < G_{\text{xvYCC}} < 0.018 \\ 1.099 G_{\text{xvYCC}}^{0.45} - 0.099; & G_{\text{xvYCC}} \geq 0.018 \end{cases} \qquad (3.78)
$$

$$
B'_{\text{xvYCC}} = \begin{cases} -1.099 \times (-B_{\text{xvYCC}})^{0.45}; & B_{\text{xvYCC}} \leq -0.018 \\ 4.500 B_{\text{xvYCC}}; & -0.018 < B_{\text{xvYCC}} < 0.018 \\ 1.099 B_{\text{xvYCC}}^{0.45} - 0.099; & B_{\text{xvYCC}} \geq 0.018 \end{cases}
$$

　　上列式子的 xvYCC 伽馬補償曲線如圖 3.25 所表示。為了比較，式(3.57)的
sRGB 標準的伽馬補償曲線也一起表示。從圖中所得知，兩曲線不是重疊的，在
點(0,0)與(1,1)交叉。圖 3.12 與圖 3.17 比較下，sRGB 的伽馬補償和伽馬 2.2 的特
性相當地近似。

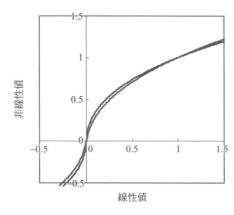

圖 3.25　xvYCC 標準的伽馬補償曲線（紅）與 sRGB 延伸色彩空間的伽馬補償曲線（藍）

因為 xvYCC 標準涵蓋 ITU-R BT. 601 的 SDTV 標準與 ITU-R BT. 709 的 HDTV 標準兩邊，伽馬補償後的 RGB 訊號轉換至輝度與色差之 YCbCr 訊號的式子，準備了兩種。式(3.82)是對應至 SDTV 標準的轉換式，使用原本的式(3.50)。另外，對應至 HDTV 標準的轉換式(3.83)，使用 HDTV 標準的轉換式(3.37)。

$$\begin{pmatrix} Y' \\ C'_b \\ C'_r \end{pmatrix}_{601} = \begin{pmatrix} 0.2990 & 0.5870 & 0.1140 \\ -0.1687 & -0.3313 & 0.5000 \\ 0.5000 & -0.4187 & -0.0813 \end{pmatrix} \begin{pmatrix} R' \\ G' \\ B' \end{pmatrix}_{xvYCC} \tag{3.82}$$

$$\begin{pmatrix} Y' \\ C'_b \\ C'_r \end{pmatrix}_{709} = \begin{pmatrix} 0.2126 & 0.7152 & 0.0722 \\ -0.1146 & -0.3854 & 0.5000 \\ 0.5000 & -0.4542 & -0.0458 \end{pmatrix} \begin{pmatrix} R' \\ G' \\ B' \end{pmatrix}_{xvYCC} \tag{3.83}$$

形式上，式(3.82)與式(3.50)，式(3.83)與式(3.37)是相同的。但是，RGB 值與 YCbCr 值的範圍則不相同。

最後，將輝度及色差訊號整理為 8 位元正整數的處理，透過下列式子來進行

$$Y_{xvYCC(8)} = 219Y' + 16$$
$$Cb_{xvYCC(8)} = 224C'_b + 128 \tag{3.84}$$
$$Cr_{xvYCC(8)} = 224C'_r + 128$$

上面的式子與 SDTV 標準的式(3.51)，HDTV 標準的式(3.83)相同，在 xvYCC 標準，輝度、色差訊號的範圍經過組合後，具有新的意義。

3.9.4 xvYCC 解碼

xvYCC 解碼如圖 3.26 所表示。首先，將標準化後的 8 位元輝度、色差訊號，還原至標準化前的實數值之輝度、色差訊號。之後，由實數值的輝度、色差訊號求出伽馬補償後的非線性 RGB 訊號，另外，經過逆伽馬處理得到線性的 RGB 訊號。線性 RGB 訊號，再轉換為 CIE 1931 XYZ 訊號後，結束了 xvYCC 解碼處理。由 XYZ 至輸出設備的 RGB 轉換，因為是與裝置相關，不包含在解碼處理委託由輸出端負責。

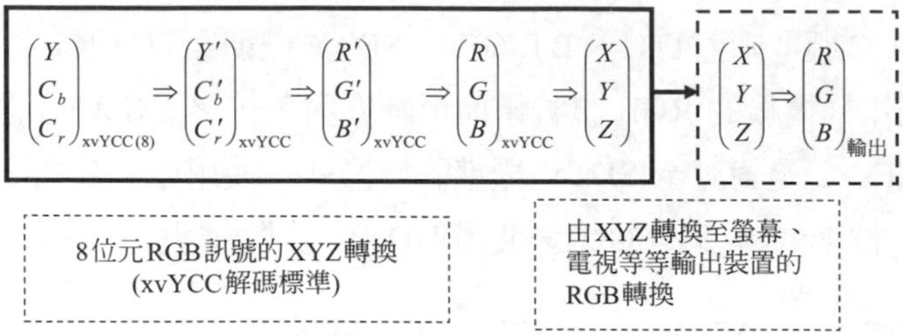

圖 3.26　xvYCC 解碼部分
（實線框的部分）

標準化爲 8 位元的輝度、色差訊號，透過下列式子轉換爲編碼前的值。下列式子是式(3.84)的逆運算。

$$Y'_{\text{xvYCC}} = \frac{1}{219}(Y_{\text{xvYCC(8)}} - 16)$$

$$C'b_{\text{xvYCC}} = \frac{1}{224}(Cb_{\text{xvYCC(8)}} - 128)$$

$$C'r_{\text{xvYCC}} = \frac{1}{224}(Cr_{\text{xvYCC(8)}} - 128)$$

(3.85)

接下來，由上列式子得到的輝度、色差訊號，透過式(3.86)以及式(3.87)轉換成伽馬補償後的非線性 RGB 訊號。式(3.86)是對應至 SDTV 的 ITU-R BT. 601 標準，而是式(3.82)的逆運算。相同地，式(3.87)是對應至 HDTV 的 ITU-R BT. 709 標準，爲式(3.83)的逆運算。

$$\begin{pmatrix} R' \\ G' \\ B' \end{pmatrix}_{\text{xvYCC}} = \begin{pmatrix} 1.0000 & 0.0000 & 1.4020 \\ 1.0000 & -0.3441 & -0.7141 \\ 1.0000 & 1.7720 & 0.0000 \end{pmatrix} \begin{pmatrix} Y' \\ C'b \\ C'r \end{pmatrix}_{601}$$

(3.86)

$$\begin{pmatrix} R' \\ G' \\ B' \end{pmatrix}_{\text{xvYCC}} = \begin{pmatrix} 1.0000 & 0.0000 & 1.5748 \\ 1.0000 & -0.1872 & -0.4681 \\ 1.0000 & 1.8556 & 0.0000 \end{pmatrix} \begin{pmatrix} Y' \\ C'b \\ C'r \end{pmatrix}_{709}$$

(3.87)

從上列的兩個式子得到的非線性的 RGB 訊號，透過下列的式子做逆伽馬處理，求出線性的 RGB 訊號。式(3.88)為式(3.81)的伽馬補償的逆轉換。

$$R_{xvYCC} = \begin{cases} -(-(R'_{xvYCC} - 0.099) \div 1.099)^{0.45} \ ; & R'_{xvYCC} < -0.081 \\ R'_{xvYCC} \div 4.50 \ ; & -0.081 \leq R'_{xvYCC} \leq 0.081 \\ ((R'_{xvYCC} + 0.099) \div 1.099)^{0.45} \ ; & R'_{xvYCC} > 0.081 \end{cases}$$

$$G_{xvYCC} = \begin{cases} -(-(G'_{xvYCC} - 0.099) \div 1.099)^{0.45} \ ; & G'_{xvYCC} < -0.081 \\ G'_{xvYCC} \div 4.50 \ ; & -0.081 \leq G'_{xvYCC} \leq 0.081 \\ ((G'_{xvYCC} + 0.099) \div 1.099)^{0.45} \ ; & G'_{xvYCC} > 0.081 \end{cases} \qquad (3.88)$$

$$B_{xvYCC} = \begin{cases} -(-(B'_{xvYCC} - 0.099) \div 1.099)^{0.45} \ ; & B'_{xvYCC} < -0.081 \\ B'_{xvYCC} \div 4.50 \ ; & -0.081 \leq B'_{xvYCC} \leq 0.081 \\ ((B'_{xvYCC} + 0.099) \div 1.099)^{0.45} \ ; & B'_{xvYCC} > 0.081 \end{cases}$$

最後，由上列式子求出的線性 RGB 訊號，透過下列的式子轉換成 CIE 1931 XYZ 訊號。式(3.89)為式(3.80)的逆運算。

$$\begin{pmatrix} X \\ Y \\ Z \end{pmatrix} = \begin{pmatrix} 0.4124 & 0.3576 & 0.1805 \\ 0.2126 & 0.7152 & 0.0722 \\ 0.0193 & 0.1192 & 0.9505 \end{pmatrix} \begin{pmatrix} R \\ G \\ B \end{pmatrix}_{xvYCC} \qquad (3.89)$$

在輸出系統設備端，透過這個 XYZ 訊號，轉換為適用於該色域的 RGB 訊號來使用。

3.9.5　xvYCC 輝度訊號 Y 的處理方法

如同由圖 3.23 所得知，xvYCC 標準之輝度 Y'的範圍往[0, 1]之外擴展。如同式(3.29)，對於白色點因為是將輝度 Y 進行正規化為 1，透過加法混色的原理輝度 Y 的值，不會超過白色點的輝度值 1。式(3.82)以及式(3.83)，是基於式(3.29)之係數經過伽馬補償後的 RGB 訊號。由於伽馬補償是 RGB 值正規化處理過，輝度 Y' 的值不會超過 1。另外，如同從 CIE 1931 xy 色度圖所得知，可見光的範圍之中輝度 Y 的值，不會為負。但是，透過伽馬補償的影響，式(3.82)以及式(3.83)的輝度 Y'，有可能成為負的。

　　xvYCC 標準的 Annex A 之中，有寫到關於輝度訊號 Y' 的處理方法。關於處理方法，是將大於 1 的值壓縮至 1 以下來表示。利用圖 3.27 來說明這個的處理內容。藍線是沒有壓縮處理，輸出入的值沒有變化。綠線是經過某種程度上的壓縮處理，超過 1.0 的部分訊號壓縮至 1.0 為止。紅線是進行高度壓縮處理，所有超過 1.0 的輝度訊號都壓縮至 1.0。

　　以這樣的壓縮處理雖可以顯示範圍之外的輝度值，原本的輝度表示範圍變得更狹窄為 0.0 至 1.0 的範圍。同樣地，對於輝度的負值也可以進行相同的處理。

　　如同前面所描述，從色彩理論來看不可能有輝度值超過 1.0，其對應方法是把 xvYCC 標準當標準的內容，因為不完整而難以說是一個已完成的標準。

　　大於 1.0 的輝度值，在影像產生的階段有可能出現，圖 3.27 這樣的應對內容，應該交由各製造商負責，不應該被制訂於標準之中。

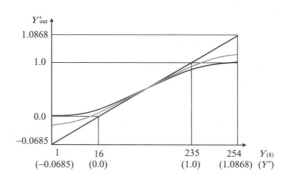

圖 3.27　xvYCC 的輝度訊號之壓縮效果
（藍線：無壓縮，綠線：弱壓縮，紅線：強壓縮）

3.10　　總結

3.10.1　　國際標準的設計思維

A. 訊號的傳送成本

　　將所有可見光的 CIE 1931 xy 色度座標表現出來有諸多浪費。這個的原因之一是，分配一個空間給不常出現的顏色，就會剝奪常常用到的重要顏色的空間。因此，常出現的重要色彩訊號的顯示之準確性降低。而其他原因，螢幕等等的顯示裝置，是基於 RGB 3 原色的混色原理所設計，RGB 色度座標的三角形之外的色彩無法重現，這些都是必須要考量的。

　　比起虛擬的原刺激 XYZ 表色系，使用 RGB 表色系有較多的優點。對於電視廣播，為了維護與黑白電視的相容性，導入基於 RGB 訊號的 YCbCr 色彩空間。透過這個，在類比系統之中，色差訊號比輝度訊號所佔的頻寬還來得狹窄，數位系統之中，色差訊號能夠比輝度訊號有更高的壓縮的優點。

　　傳送與記錄的成本上，訊號的頻寬與位元寬度被嚴格地限制。為了用有限的位元寬度進行有效率的顯示，必須要考慮到顯示端裝置的特性。影像顯示所常用到的 CRT 之非線性特性（$\gamma = 2.2$ 的伽馬特性），是取決於標準螢幕的非線性特性，使用影像訊號經過伽馬補償後，才進行記錄和傳送之方法。

B. 傳承歷史與將來的相容性

　　從彩色電視機到多媒體的影像標準的基礎是沒有改變。最早期的 NTSC 標準中，雖使用不同的色域與白色點，至今，使用著 SDTV、HDTV 以及 sRGB 標準所統一的色域與白色點。

　　在圖片製作的過程中，為了顯現比所制訂之標準的色域還要來得寬廣的色彩，維持著原本 YCbCr 訊號的位元寬度，下了許多的功夫，制訂出 xvYCC 標準以及 sYCC 標準。

　　要求忠實地將影像的外觀呈現的網路購物、醫療影像等等的領域，為了滿足

這些需求，以 XYZ 訊號為基準而制訂出的 sRGB 標準。為了呈現更廣色域的色彩，用 sRGB 標準的色域為標準，制訂了 bg-sRGB(big-gamut sRGB)標準。本書至目前為止所介紹到的各種標準，都是考量到螢幕的伽馬特性。但是，液晶螢幕的非線性特性和 CRT（映像管）顯示裝置有所不同，且考量到電影‧印刷等等的非螢幕的顯示方式後，制訂採用線性影像訊號的標準，可以說是個自然的導向。scRGB(relative scene RGB)標準[*5]，是因應此一需求所制訂出的。由於不需要逆伽馬補償，即使是線性顯示裝置也能夠將影像精確地顯示。

　　scRGB 標準使用與 sRGB 標準相同的色域和白色點，RGB 訊號分別以 16 位元來分配。在編碼與解碼的運算方面，除了無伽馬補償和逆伽馬補償之外，和 bg-sRGB 的方法相同。因為比起舊有的標準來說，使用多一倍的位元寬度，scRGB 訊號的伽馬補償後之特性，確保了 CRT 電視之中與過去相同的畫質。scRGB 標準因為是線性的 RGB 訊號，對於輸入至 CRT 來說，需要將 CRT 的伽馬特性相消，所以需要進行前述的伽馬補償。

3.10.2　各種標準的比較

　　列出至目前為止所介紹到各種的標準，如表 3.9 所表示。訊號的型態有 RGB 與 YCbCr 兩種，除了 scRGB 標準以外，所有的標準是「**伽馬補償後的訊號型態，非線性訊號**」。

表 3.9　各種標準的比較

標準的名稱（通稱）	訊號的格式	色域	訊號的位元數	RGB 值的範圍
ITU-R BT 601 (SDTV)	YCbCr	sRGB	$< 3 \times 8$ 位元	$[0, 1]$
ITU-R BT 709 (HDTV)	YCbCr	sRGB	$< 3 \times 8$ 位元	$[0, 1]$
IEC 61966-2-1 (sRGB)	RGB	sRGB	3×8 位元	$[0, 1]$
IEC 61966-2-1 Amendment 1 (bg-sRGB)	RGB	>sRGB	$\geq 3 \times 10$ 位元	(a, b)；$a < 0$，$b > 1$
IEC 61966-2-1 Amendment 1 (sYCC)	YCbCr	>sRGB	3×8 位元	(a, b)；$a < 0$，$b > 1$
IEC 61966-2-4 (xvYCC)	YCbCr	>sRGB	3×8 位元	(a, b)；$a < 0$，$b > 1$
IEC 61966-2-2 (scRGB)	RGB(線性)	>sRGB	3×16 位元	(a, b)；$a < 0$，$b > 1$

上面的表格中的各種標準，都使用 D65 作爲白色點。全部的標準皆以相同的色域當做基準色域，這些的基準色域都與 sRGB 標準色域相同。表中的標記「＞sRGB」是表示比 sRGB 標準色域還廣的意思。

關於 RGB 值的範圍，對應於標準的色域。色域和 sRGB 標準色域相同的話，RGB 值的範圍就是[0, 1]。

關於 SDTV 標準和 HDTV 標準的訊號位元寬度，3×8 位元的資料之中，包含控制用的編碼。因此，訊號實際上所佔用的位元寬度，比所看到的位元數稍微少。

本書中，使用表色系與色彩空間這兩個用語，說明一下這些的差異。**表色系**(color system)是包含色彩產生的機制之色彩空間。

一般來說，能夠直接地產生 RGB 與 XYZ 這樣的色彩之「由 3 原色所組成的色彩空間」稱爲表色系，由表色系的 3 原色轉換所得到之「YCbCr, L*a*b*, HSV」這類稱之爲**色彩空間**(color space)。但是，RGB 表色系及 XYZ 表色系，也有時被稱爲 RGB 色彩空間及 XYZ 色彩空間。

3.10.3　色域與色彩的表現能力

在此說明關於色域以及該色域對應之色彩表現能力。表 3.10 是以廣色域相機的色域（提供廣色域，爲了當作說明）爲例。讓我們來考慮此相機所拍攝到的影像，透過 bg-sRGB 標準，會表現得如何。

以 D65 作爲白色點時，利用本章 3.2.1 節所描述的方法，找出由表 3.10 的參數至相機系統的 RGB⇒XYZ 轉換，如下所示。

$$\begin{pmatrix} X \\ Y \\ Z \end{pmatrix} = \begin{pmatrix} 0.6776 & 0.0960 & 0.1768 \\ 0.3186 & 0.6323 & 0.0491 \\ 0.0152 & 0.0720 & 1.0019 \end{pmatrix} \begin{pmatrix} R \\ G \\ B \end{pmatrix}_{\text{wide}} \tag{3.90}$$

表 3.10　廣色域相機的色域例子

色度座標	原色 R	原色 G	原色 B
x	0.670	0.120	0.144
y	0.315	0.790	0.040
z	0.015	0.090	0.816

　　圖 3.28(a)表示的是 CIE 1931 xy 色度圖、sRGB 標準色域以及表 3.10 廣色域相機的色域。本章 3.7 節中描述過 10 位元的 bg-sRGB 標準編碼值 384，對應到 0（R，G，B 的值為 0）。圖 3.28(a)中，RGB 於[350, 400]中變化後所產生的 xy 色度圖座標值以「＋」來表示。如圖 3.28(a)所得知的，即使是一部份的編碼值[350,400]，bg-sRGB 能夠表現的色彩之分佈，覆蓋了「**CIE 1931 xy 色度圖的全部**」。CIE 1931 xy 色度圖外側之色彩，因為是不存在的色彩，在此稱為「虛色」。

　　實際上表 3.10 之廣色域中能夠表現的色彩，只有在圖 3.28(a)的「**綠色三角形內的區域**」之中。由上所述，將 sRGB 標準色域作為區別對象，可以清楚地看出能夠表現比 sRGB 標準色域還廣的色域之理由。總之，RGB 訊號之中「**有負值的話，sRGB 標準色域之外側的色彩**」。

　　接下來，說明圖 3.28(b)之數據的產生方法。根據 10 位元 RGB 訊號的編碼值[350, 400]，使用式(3.67)進行解碼處理，求出它的非線性 RGB 訊號。對於此訊號，利用式(3.68)之逆伽瑪處理得到線性 RGB 訊號。從所得到的訊號，透過式(3.69)求出 XYZ 訊號。此訊號修正為 xy 訊號後，能夠如同圖 3.28(b)型態來表示。

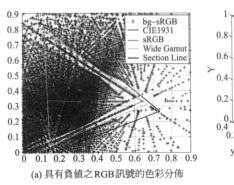

(a) 具有負值之 RGB 訊號的色彩分佈

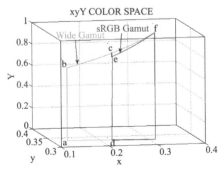

(b) 大於 1 之 RGB 訊號的色彩分佈

圖 3.28　色域與色彩的表現能力之關係

　　從圖 3.28(b)，以 xy Y 的截面圖來說明 RGB 訊號之中「**大於 1 之值存在的話，比 sRGB 標準色域還廣的色域**」能夠被表現出來。此截面圖，是在圖 3.28(a)的藍色線的部分。

　　圖 3.28(b)的綠色線，表示表 3.10 的廣色域之截面，紅色線則是 sRGB 標準色域的截面。綠色區域的部分，是將 $G = B = 1$ 固定，R 在[0, 1]之間變化，由式(3.80)得到之 XYZ 值為基礎所構成的。此 RGB 以表 3.10 的色域當作標準，即使只在[0, 1]也能夠表現出 sRGB 標準色域之外的色彩。

　　關於圖 3.28(b)中紅色框部分的構成，對應於綠色框的 XYZ 代入式(3.62)，求出以 sRGB 標準色域為基準的 RGB。得到的 RGB 是在[0, 1]之間，代入式(3.69)再次計算出 XYZ。再次計算出的 XYZ，表示 sRGB 標準色域的色彩之表現範圍。

　　圖 3.28(b)的 abcda 框之中的色彩，是在 sRGB 標準色域之外，在 bg-sRGB 標準裡表示這些色彩的 RGB 包含了負的值。框 efce 裡面的色彩也是在 sRGB 標準色域之外，在 bg-sRGB 標準，表現這些色彩的 RGB 之中也包含了大於 1 的值。

　　另外，bg-sRGB 的編碼值中，RGB 的各訊號可能會同時為負值，由式(3.69)所得到的 XYZ 為負的話，對應之色彩沒有在 CIE 1931 xy 色度圖中，是不存在的色彩。

　　以同樣的編碼值，RGB 各訊號同時為大於 1 的值時，如同由式(3.69)所得知，輝度 Y 比 1 來得大。由於這個比 D65 的白色點之輝度還來得高，實際上是不可能的。舉例來說，用表 3.10 的廣色域為基準的時候，基於 D65 的白色點之表 3.10 相機的 XYZ 透過式(3.90)來定義。改變 RGB 的型態（以 sRGB 標準色域當作基準），式(3.90)的 XYZ 以原狀表示，由於是 bg-sRGB 標準之目的，則「**比白色點 D65 輝度還高的輝度不存在**」。

參考文獻

(1) International recommendation, ITU-R BT. 709-7 : Parameter values for the HDTV standards for production and international programme exchange, 2002

(2) International recommendation, ITU-R BT. 601-7: Studio encoding parameters of digital television for standard 4 : 3 and widescreen 16 : 9 aspect ratios, 2011

(3) International standard, IEC 61966-2-1 : Multimedia systems and equipment Colour measurement and management-Part 2-1 : Colour management-Default RGB colour space-sRGB, 1999

(4) International standard., IEC 61966-2-1 : 1999, Multimedia systems and equipment-Colour measurement and management-Part 2-1 : Colour management-Default RGB colour spase-sRGB, Amendment. 1, 2003

(5) International standard, IEC 61966-2-2 : Multimedia systems and equipment-Colour measurement and management-Part 2-2 : Extended RGB Colour space-scRGB, 2003

(6) International standard, IEC 61966-24 : Multimedia systems and equipment-Colour measurement and management-Part 2-4 : Colour management-Extended-gamut YCC colour space for video applications-xvYCC, 2006

(7) T. Matsumoto, Y. Shimpuku, T. Nakatsue, S. Haga, H. Eto, Y. Akiyarna, and N. Katoh: "xvYCC : A New Standard for Video Systems using Extended-Garnut YCC Color Space", SID International Symposium, 11301133, 2006

(8)　影像電子學會編，河村尚登，小野文孝　監修：色彩管理技術，延伸色彩
空間與色彩表現，東京電機大學出版局，2008

(9)　榎並和雅：數位影像技術，日本放送出版協會，1989

(10) 今村元一：影像訊號的基礎與操作方法，CQ 出版社，2003

(11) 竹村裕夫：CCD 相機技術入門，KORONA 社，1998

(12) http://ja.wikipedia.org/wiki/色空間

第四章
數位影像的色彩補償技術

引言

電視與相片的情況，比起將拍攝主體的色彩忠實地重現，較多部分的問題是在於如何將影像修飾得漂亮。本章之中，關於輝度、色差(YCC)系統的影像資料，描述其繪製的技術。

在 4.1 節～4.4 節，對於非線性的 RGB 訊號，介紹使用 YCbCr 色彩空間之各種色彩的補償技術；在 4.5 節，介紹使用線性的 RGB 訊號之色彩補償系統。最後，在 4.6 節將介紹 YCbCr 色彩空間之外的色彩補償方法。

4.1　明度、彩度、色相的調整技術

4.1.1　明度、彩度、色相的定量化

進行明度、彩度、色相的定義與定量化之前，探討 Y'C'bC'r 訊號與色彩的關係。HDTV 標準的式(3.42)，SDTV 標準的式(3.53)，sYCC 標準的式(3.77)，xvYCC 標準的式(3.86)以及式(3.87)，所表示的是在解碼階段的 Y'C'bC'r 訊號至 R'G'B' 訊號之轉換處理內容。這些的處理內容，可以透過下列表示來統一

$$\begin{pmatrix} R' \\ G' \\ B' \end{pmatrix} = \begin{pmatrix} a_{11} & a_{12} & a_{13} \\ a_{21} & a_{22} & a_{23} \\ a_{31} & a_{32} & a_{33} \end{pmatrix} \begin{pmatrix} Y' \\ C'_b \\ C'_r \end{pmatrix} \tag{4.1}$$

在此，以 SDTV 標準爲例，來說明從 Y'C'bC'r 訊號至 R'G'B' 訊號產生之資料，顯示其色彩的過程。爲了方便，SDTV 標準的 Y'C'bC'r－R'G'B' 轉換：式(3.53)再次重複如下列。

$$\begin{pmatrix} R' \\ G' \\ B' \end{pmatrix}_{601} = \begin{pmatrix} 1.0000 & 0.0000 & 1.4020 \\ 1.0000 & -0.3441 & -0.7141 \\ 1.0000 & 1.7720 & 0.0000 \end{pmatrix} \begin{pmatrix} Y' \\ C'_b \\ C'_r \end{pmatrix}_{601} \qquad (4.2)$$

使用上列的式子產生影像資訊，如圖 4.1(a)所表示。影像資訊的產生，將輝度訊號 Y' 固定於 0.5，色差訊號 $C'b$ 以及 $C'r$ 在[-0.5, 0.5]的範圍中進行調整，產生 R'G'B' 訊號。產生出的 R'G'B' 之值爲負值，或者是值大於 1 的時候，進行 0 或 1 的箝制處理。

首先，透過圖 4.1(a)來瞭解色相與 C'bC'r 訊號之關係。圖 4.1(a)將紫、紅、黃、綠、藍綠以及藍的色名標示在各自的區域之中。圖中，原點 0 對應至無色。由此圖將原點爲中心，將影像整體旋轉後，可以瞭解到色彩位置會有所變化。另外，如圖 4.1(b)所表示，將顏色 (C'_{b0}, C'_{r0}) 旋轉 β 度之後，可以容易地瞭解變成了顏色 (C'_{b1}, C'_{r1})。

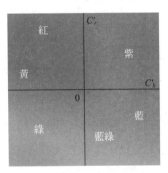

(a) 色差訊號與各色的關係(輝度固定)

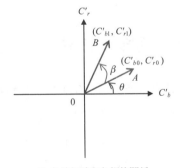

(b) 色差訊號與色相的關係

圖 4.1　色差訊號與色相的關係

　　明度、**彩度**以及**色相**，被稱為影像的 3 屬性。在此使用 Y'C'bC'r 色彩空間，進行明度、彩度以及色相的定義與定量化。

　　首先，色相是表達紫、紅、黃、綠、藍綠以及藍之色彩種類的用語，將色彩進行分類的時候用到。如同圖 4.1(b)所表示，對於 (C'_{b0}, C'_{r0}) 的顏色將色相以角度 θ 來表示後，色相以下列式子來定義。

$$\theta = \tan^{-1}(\frac{C'_r}{C'_b}) \tag{4.3}$$

　　從圖 4.1(b)所得知的，存在許多具有相同的色相 θ 的顏色，從無色的原點 0 開始越遠的鮮豔度增加越多。

　　接下來是彩度，表示色彩鮮豔程度的用語。彩度是透過從無色原點 0 開始，到該顏色為止的距離來表示，例如，顏色 (C'_{b0}, C'_{r0}) 的彩度是向量 A 的長度。

　　彩度 S 可透過下列式子來得到。

$$S = \sqrt{C'^2_b + C'^2_r} \tag{4.4}$$

　　對於相同的色相與彩度之顏色來說，有亮色與暗色的不同。這個相對的明暗表示量就稱為明度。

　　如第 1 章的 1.3.9 節所描述，**輝度**是表示明亮的絕對的量，在表示螢幕畫面之明亮度的時候常被用到。輝度與明度的定義是不同的，因為在 YCC 系統是將輝度 Y 當作明度來用，在此對於 YCC 系統的輝度、色差，輝度訊號 Y' 相同地當作明度來處理。另外，白色與灰色的彩度，是為 0，無色。

　　這個情況下，就如同由式(4.3)所得知，色相 θ 的值並不存在。

　　另外，關於明度、色相、彩度的 3 屬性，在不同的色彩空間中，有不同的定義與定量化，這些可以和上列相同地處理。例如，$L^*a^*b^*$ 色彩空間的情況下，明度是 L^*，彩度是 $S = \sqrt{a^{*2} + b^{*2}}$，色相是 $\theta = \tan^{-1}\left(\dfrac{b^*}{a^*}\right)$。

　　接下來為了更進一步地瞭解色相，說明 Y'C'bC'r 色彩空間用式(4.3)的理由。

　　色差訊號一般是以下列來表示

$$C'_b = b_R R' + b_G G' + b_B B'$$
$$C'_r = r_R R' + r_G G' + r_B B' \tag{4.5}$$

　　根據配色原則，因為相同色調的顏色在 3 原色值的比例是相同，此關係如下所表示

$$R' : G' : B' = a : b : c \tag{4.6}$$

在此 a, b, c 是常數。此式可以如下地改寫。

$$R' = aG'/b$$
$$G' = G'$$
$$B' = cG'/b \tag{4.7}$$

將此代入式(4.5)之後，可以得到下列式子。

$$C'_b = (ab_R/b + b_G + cb_B/b)G'$$
$$C'_r = (ar_R/b + r_G + cr_B/b)G' \tag{4.8}$$

由上的式子 $C'r$ 與 $C'b$ 的比如下所示

$$\frac{C'_r}{C'_b} = \frac{ab_R + bb_G + cb_B}{ar_R + br_G + cr_B} \tag{4.9}$$

　　由於從式(4.6)知道對於相同色調的顏色，a，b，c是常數，式(4.9)的比值是一樣的。色調改變的話，這些的值也會改變，相對應地式(4.9)的值也會改變。上面的式子，因爲等於圖 4.1(b)的 $\tan\theta$ 表示式(4.3)，可以瞭解到色相透過角度來表示。

　　另外，至今所描述過的明度、彩度、色相的定量化，是基於伽馬補償後的非線性訊號。但是顯示螢幕所映射出的影像，是以螢幕的伽馬特性中和後的線性訊號。在此，讓我們來驗證對於線性訊號的明度、彩度、色相的定量化會怎麼變。

對於線性的 3 原色 RGB 訊號，與式(4.5)等量的色差訊號如下所示

$$C_b = b_R R + b_G G + b_B B$$
$$C_r = r_R R + r_G G + r_B B \tag{4.10}$$

對於同一色調的顏色，該 3 原色的比例關係如下列式子所表示。

$$R : G : B = l : m : n \tag{4.11}$$

在此，l，m，n 都是常數。

3 原色 RGB 以 G 訊號表示後，可以得到下面的式子。

$$R = lG / m$$
$$G = G \tag{4.12}$$
$$B = nG / m$$

式(4.12)代入至式(4.10)後，可以得到

$$\frac{C_r}{C_b} = \frac{lb_R + mb_G + nb_B}{lr_R + mr_G + nr_B} \tag{4.13}$$

　　由上式得到，對於相同色調的顏色 (C_r / C_b) 的值是相同。從以上的結果，線性訊號的色相和非線性訊號的色相同樣地用下列式子定量化。

$$\theta = \tan^{-1}\left(\frac{C_r}{C_b}\right) \tag{4.14}$$

RGB 訊號是輸入 R'G'B' 表示出的效果。螢幕的伽馬值：對於 γ 螢幕上影像之視覺效果，和式(4.7)進行逆伽馬處理相同。式(4.7)進行逆伽馬處理後，得到下列式子。

$$R = (R')^{\gamma} = (aG'/b)^{\gamma} = (a^{\gamma}/b^{\gamma})G$$
$$G = (G')^{\gamma} = G \qquad\qquad\qquad (4.15)$$
$$B = (B')^{\gamma} = (cG'/b)^{\gamma} = (c^{\gamma}/b^{\gamma})G$$

以上的式子中，3 原色 RGB 的比例如下所示。

$$R:G:B = a^{\gamma}:b^{\gamma}:c^{\gamma} \qquad\qquad (4.16)$$

式(4.16)和式(4.11)比較後，可以得到下面的式子。

$$l = a^{\gamma} \; ; \; m = b^{\gamma} \; ; \; n = c^{\gamma} \qquad\qquad (4.17)$$

以上的式子，表達的是色相的線性訊號與非線性訊號的關係。若滿足式(4.17)的關係，非線性訊號 $R':G':B' = a:b:c$ 與線性訊號 $R:G:B = l:m:n$，表示相同色相的顏色。

4.1.2　明度、彩度、色相的調整技術

本節中描述使用色相的定量化之式(4.3)，彩度的定量化之式(4.4)，當作明度的輝度 Y' 訊號，3 屬性的調整方法。這如同式(4.1)，在 Y'C'bC'r 訊號轉換至 R'G'B' 訊號的過程中，進行畫質的調整即可。根據調整處理，Y'C'bC'r – R'G'B' 轉換：將此處理加入至式(4.1)之中，利用同時進行轉換處理與調整處理來提高效率。包含了調整處理的 Y'C'bC'r – R'G'B' 轉換式如接下來的式子所表示。

$$\begin{pmatrix} R' \\ G' \\ B' \end{pmatrix} = \begin{pmatrix} a_{11} & a_{12} & a_{13} \\ a_{21} & a_{22} & a_{23} \\ a_{31} & a_{32} & a_{33} \end{pmatrix} \begin{pmatrix} c_{11} & c_{12} & c_{13} \\ c_{21} & c_{22} & c_{23} \\ c_{31} & c_{32} & c_{33} \end{pmatrix} \begin{pmatrix} Y' \\ C'_{b} \\ C'_{r} \end{pmatrix} \qquad (4.18)$$

首先，關於色相的調整，圖 4.1(b)中將 $(C'_{b0}，C'_{r0})$ 的顏色做 β 度的旋轉。這樣的話，新的色差訊號變成 $(C'_{b1}，C'_{r1})$。這個情況下，對於色差，新舊座標的關係可以用式(4.19)來表示。透過這樣的處理，表示色彩的向量由 A 變成 B，因為長度沒有改變，式(4.4)的彩度值沒有改變。

$$\begin{pmatrix} C'_{b1} \\ C'_{r1} \end{pmatrix} = \begin{pmatrix} \cos\beta & \sin\beta \\ -\sin\beta & \cos\beta \end{pmatrix} \begin{pmatrix} C'_{b0} \\ C'_{r0} \end{pmatrix} \tag{4.19}$$

將上列式子的色相調整內容反映至式(4.1)後，式(4.18)的補償用矩陣係數如後面所表示。

$$\begin{pmatrix} c_{11} & c_{12} & c_{13} \\ c_{21} & c_{22} & c_{23} \\ c_{31} & c_{32} & c_{33} \end{pmatrix} = \begin{pmatrix} 1 & 0 & 0 \\ 0 & \cos\beta & \sin\beta \\ 0 & -\sin\beta & \cos\beta \end{pmatrix} \tag{4.20}$$

在此，對於代表明度的輝度 Y' 是沒有補償的。

接下來，接續色相的調整，對於彩度與明度的調整進行說明。就如同從圖 4.1 所得知，因為越遠離無色的原點彩度越高，彩度調整可以透過將色相調整的式(4.19)乘上係數 S_0 來實現。

明度的調整是輝度訊號 Y' 乘上係數 A_0 來進行。僅對明度進行調整，會對色調有所影響，所有的 $R'G'B'$ 訊號乘上 C_0 後，調整明度的同時也維持著色調。這樣的處理被稱為對比度調整。

在此描述的彩度、明度、對比度的調整內容加入式(4.20)，得到下列式子。

$$\begin{pmatrix} c_{11} & c_{12} & c_{13} \\ c_{21} & c_{22} & c_{23} \\ c_{31} & c_{32} & c_{33} \end{pmatrix} = C_0 \begin{pmatrix} A_0 & 0 & 0 \\ 0 & S_0 & 0 \\ 0 & 0 & S_0 \end{pmatrix} \begin{pmatrix} 1 & 0 & 0 \\ 0 & \cos\beta & \sin\beta \\ 0 & -\sin\beta & \cos\beta \end{pmatrix} \tag{4.21}$$

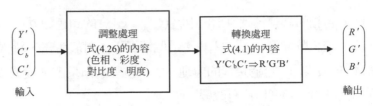

圖 4.2   明度、彩度、色相的調整處理之組成

　　明度、彩度、色相的調整處理內容如圖 4.2 表示。注意到對於圖 4.2 的組成，純量係數 C_0 之外，調整處理與轉換處理的運算順序是無法改變的。

　　另外，透過此調整方法的線路之實現，參照參考文獻 1(pp. 192-194)。

　　在此以 SDTV 標準爲例，表示利用式(4.2)的色相、彩度、明度、對比度的調整效果。式(4.21)與式(4.2)的矩陣係數代入至式(4.18)後，得到下列式子。

$$
\begin{pmatrix} R' \\ G' \\ B' \end{pmatrix}_{601} \tag{4.22}
$$

$$
= C_0 \begin{pmatrix} 1.0000 & 0.0000 & 1.4020 \\ 1.0000 & -0.3441 & -0.7141 \\ 1.0000 & 1.7720 & 0.0000 \end{pmatrix} \begin{pmatrix} A_0 & 0 & 0 \\ 0 & S_0 & 0 \\ 0 & 0 & S_0 \end{pmatrix} \begin{pmatrix} 1 & 0 & 0 \\ 0 & \cos\beta & \sin\beta \\ 0 & -\sin\beta & \cos\beta \end{pmatrix} \begin{pmatrix} Y' \\ C'_b \\ C'_r \end{pmatrix}_{601}
$$

　　在此描述的補償，與第 5 章色溫度和白平衡的調整不同，白色點不變。

　　接著，利用上式透過實際的影像來依序說明色相、彩度、明度、對比度的調整方法。

A. 色相的調整例子

　　色相調整的時候，爲了方便，彩度的調整係數 $S_0 = 1$，明度的調整係數 $A_0 = 1$，對比度的調整係數 $C_0 = 1$。圖 4.3 表示的是色相的調整例子。圖 4.3(b)是原始影像，圖 4.3(a)是將色相以順時針旋轉 20 度之後的結果。這個是將 $\theta = -20°$ 代入式(4.22) 所求出的。圖 4.3(c)是將色相以反時針方向旋轉20度的結果，將 $\theta = 20°$ 代入式(4.22) 可以得到。

(a) −20°的調整效果　　　(b) 原始影像　　　(c) +20°的調整效果

圖 4.3　色相的調整例子

　　圖 4.3(b)的原始影像之中樹葉是黃綠色（黃色加上綠色）。將原始影像的色相旋轉 −20 度之後得到的影像：圖 4.3(a)，樹葉染上紅色而成為紅葉。這樣的調整效果從圖 4.1 所表示的各顏色關係，應該比較容易想像。相同的原始影像：圖 4.3(b)的色相旋轉 20 度的話，得到圖 4.3(c)之影像，其中樹葉的黃色部分完全消失，樹葉整個變成深綠色。

B.　彩度的調整例子

　　調整彩度的時候，各參數固定如下，色相的調整係數 $\theta = 0°$，明度的調整係數 $A_0 = 1$，對比度的調整係數 $C_0 = 1$。圖 4.4 所表示的是彩度的調整結果。圖 4.4(b)是原始影像，圖 4.4(a)是將彩度減少 25% 的結果。這是以式(4.22)，$S_0 = 0.75$ 所得到的。圖 4.4(c)是將彩度提高 25% 的結果，這是以式(4.22)，$S_0 = 1.25$ 可以得到。

　　相對於圖 4.4 的原始影像(b)，圖 4.4(a)的影像之彩度降低，顏色看起來平淡。另外，圖 4.4(c)的影像之彩度提高，相對於圖 4.4(b)的原始影像而言，顏色看起來較為鮮豔。這個情況下，因為調整彩度的過程中維持相同輝度的關係，明暗和明度沒有變化。

(a) −25%的調整效果　　　(b) 原始影像　　　(c) +25%的調整效果

圖 4.4　彩度的調整例子

C. 對比度的調整例子

　　調整對比度的時候，各參數固定如下，色相的調整係數 $\theta = 0°$，彩度的調整係數 $S_0 = 1$，明度的調整係數 $A_0 = 1$。圖 4.5 表示的是對比度的調整結果。圖 4.5(b) 是原始影像，圖 4.5(a)是將對比度減少 25%的結果，這是透過式(4.22)，$C_0 = 0.75$ 來得到的。圖 4.5(c)是將對比度提高 25%的結果，可以透過式(4.22)，$C_0 = 1.25$ 來得到。

　　圖 4.5(a)的影像中，為了將對比度減少 25%，3 原色 RGB 的值分別減少 25%。這個結果下，圖 4.5(a)的影像整體和圖 4.5 的原始影像(b)相比之下看起來較暗。另外，圖 4.5(c)之影像中 3 原色 RGB 的值增加 25%的關係，與圖 4.5(b)的原始影像相比，較為明亮且鮮明。

　　另外，可以注意到圖 4.5(c)中堤防的牆壁顏色變成黃色，表面變得較為不明顯。圖 4.5(b)的原始影像的堤防部分是明亮地，3 原色 RGB 的值較大。對於值提高 25%的 3 原色 RGB，超出數位影像的位元寬度，即是被箝制的原因。3 原色 RGB 值的比例變動後色調也跟著改變。另外，由於箝制處理而明亮部分的變化消失，層次也不見。為了不失去明亮部分的層次，對於 RGB 訊號使用圖 3.27 這樣的壓縮方法也是其中的一個選擇。

(a) −25%的調整效果　　(b) 原始影像　　(c) +25%的調整效果

圖 4.5　對比度的調整例子

D. 明度的調整例子

調整明度的時候，各參數固定如下，色相的調整係數 $\theta = 0°$，彩度的調整係數 $S_0 = 1$，對比度的調整係數 $C_0 = 1$。圖 4.6 表示明度的調整結果。圖 4.6(b)是原始影像，圖 4.6(a)是將明度減少 25%之後的結果。利用式(4.22)，$A_0 = 0.75$ 可以得到。圖 4.6(c)則是明度提高 25%的結果。利用式(4.22)，$A_0 = 1.25$ 可以得到。

圖 4.6(a)的影像是將明度減少 25%，比起圖 4.6(b)的原始影像看起來影像整體較暗。另外，圖 4.6(c)的影像是將明度提高 25%的關係，比起圖 4.6(b)的原始影像較為明亮，可以看到堤防的牆壁部分也因為箝制處理變色且消失。透過以上的結果，利用圖 3.27 這樣的手法來進行壓縮，能夠改善明亮部分的層次。

(a) −25%的調整效果　　(b) 原始影像　　(c) +25%的調整效果

圖 4.6　明度的調整例子

　　在此將圖 4.6 的明度調整效果，與圖 4.5 的對比度調整效果進行比較，來探討相差的地方。對比度調整，是變化式(4.1)的係數 C_0 來進行。不考慮到箝制處理的話，調整前後的 3 原色 RGB 比例維持原狀的關係，則保持原來的色調。另外，明度的調整是透過調整式(4.1)的係數 A_0 來進行。對於明度的調整，會經過輝度 Y 反映到 RGB 之值，調整前後的 RGB 值的比例不會固定。由上可知，在明度調整不會維持調整前後的影像之色調。

　　圖 4.6(c)與圖 4.5(c)比較後，圖 4.6(c)比圖 4.5(c)顏色來得淡。如同從式(4.22)所得知的，$A_0 = 1.25$ 的處理僅增加輝度的訊號，色差訊號則維持原狀，所以相對於輝度部分，色彩成分所佔的比例則減少。根據這個結果，影像變得明亮後連帶地色彩較為淺淡。另外，圖 4.6(a)維持著相同的色差訊號，而輝度訊號降低。圖 4.6(a)比起圖 4.5(a)，彩度相對於輝度的比例增加，以目視難以區別，色彩較為濃。

(a) 原始影像　　　　　　　　(b) 彩度+10%，明度+5%

圖 4.7　彩度、明度的綜合調整例子

E.　綜合調整例子

　　直至目前所描述過的是，色相、彩度、對比度、明度的個別調整方法。平常在畫質調整中，色相、彩度、對比度、明度之中通常是同時對多個項目進行調整。圖 4.7 是彩度與明度同時調整的例子。調整內容是彩度增加 10%、明度增加 5%的情況。將 $S_0 = 1.10$ 、 $A_0 = 1.05$ 、 $\theta = 0.0°$ 、 $C_0 = 1.0$ 代入式(4.22)中則能夠實現。

　　圖 4.7(a)是原始影像，圖 4.7(b)是以此情況的調整結果。

　　相對於原始影像，補償影像在花與和服等等的部分，色彩較為鮮豔，影像整體變得鮮明。

4.2　膚色補償技術

　　如同濃妝與淡妝，喜好的膚色是因人而異。另外人種的不同期膚色也會有差異，健康或漂亮膚色的標準也是因人而異。參考文獻 2(pp.12-16)中，介紹到關於膚色的調查結果。其中對於記憶色（概念色），臉頰、額頭、年輕女性的化妝、新娘、漂亮的肌膚、白人女性、濃妝、病人等等的膚色的座標位置在孟塞爾(Munsell)表色系（參考第 2 章的章節 2.1）中表示。另外，也有認為新娘的化妝肌並不漂亮。

　　既使膚色也是有很多種。另外，以記憶色的膚色是依據個人喜好有所不同。定義當作標準的膚色是很困難的，但是，電視、相片顯示的膚色多半比起實際的膚色還來得濃豔。另外，較少的色相不均勻可以算是漂亮。在此，將描述能夠實現一般喜好的膚色之補償技術。

　　以本章的 4.1.1 節之中色彩的定量化方法，任意的指定顏色 (Y, C'_b, C'_r) 的色相與彩度，如下列所表示。

$$\theta = \tan^{-1}\left(\frac{C'_r}{C'_b}\right)$$
$$r = \sqrt{C'^2_b + C'^2_r} \tag{4.23}$$

以上的式子，於任何的輝度都成立。

　　式(4.23)是將 $C'_b - C'_r$ 的直角座標系轉換至 $r - \theta$ 的極座標系的式子。「θ」是表現色彩特性的**色相**，「r」是對應該色相的**彩度**。

　　一般來說，因人種而有差異，人類的膚色是分佈在介於紅色 R 與黃色 Ye 之間。相機的話是 CCD 的色彩重現性，電視的話是面板的色彩重現性，這些因為都有差異，產品中對於人們膚色的定義也因為不同的廠家也有所差異。為了不失去一般性，在此將膚色以 θ_1 來表示。

　　圖 4.8 中表示的是膚色的補償原理。根據圖 4.8(a)所表示的膚色補償範圍（紅色框內），以下列式子來進行補償。

if $((r > r_1) \& (r < r_2) \& (\theta > \theta_1 - \Delta\theta_1) \& (\theta < \theta_1 + \Delta\theta_1))$ then

$$\begin{pmatrix} r_{\text{out}} \\ \theta_{\text{out}} \end{pmatrix} = \begin{pmatrix} r \\ k \times (\theta - \theta_1) + \theta_1 \end{pmatrix} \tag{4.24}$$

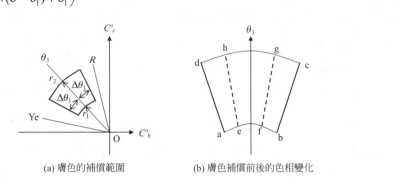

(a) 膚色的補償範圍　　(b) 膚色補償前後的色相變化

圖 4.8　膚色的補償原理

　　r_1 是膚色的最小彩度，r_2 是膚色的最大彩度。$\Delta\theta_1$ 是以理想膚色的色相 θ_1 為中心的時候，膚色的分佈範圍。對於某一像素的補償條件，是彩度與色相的值在膚色的範圍之內。在此，k 是範圍能夠設定為 0 至 1 的強度係數。k 越小則補償越強。這個補償是僅對於色相所執行，對於彩度不具有影響。

　　圖 4.8(b)表示的是膚色在補償之前以及補償之後的區域變化。補償之前的膚色是分佈在 aefbcghda 所包圍的區域，補償之後的膚色是被壓縮在 efghe 所包圍的區域。補償後的膚色比起補償之前更集中於理想膚色的色相 θ_1。透過這個方法，能夠消除色相不均勻的膚色斑。$k = 0$ 的時候補償效果最為強烈，補償之後色相變成 θ_1。

　　但是，在式(4.24)的膚色補償處理，產生關於色相的不連續性。從後續描述的圖 4.11(a)，補償後影像的色相，可以看到不連續的情形。

在此描述導入加權函數，消除因為透過補償處理而色相不連續性。圖 4.9 中表示兩個加權函數。虛線的加權函數是 θ 的線性函數。這個線性函數是透過式(4.25)來實現的。

$$W(\theta) = \frac{|\theta - \theta_1|}{\Delta\theta_1} \quad ; \quad \theta_1 - \Delta\theta_1 \leq \theta \leq \theta_1 + \Delta\theta_1 \tag{4.25}$$

使用上面的加權函數的膚色補償，如以下式子所表示。

$$\text{if } ((r > r_1) \,\&\, (r < r_2) \,\&\, (\theta > \theta_1 - \Delta\theta_1) \,\&\, (\theta < \theta_1 + \Delta\theta_2)) \text{ then}$$
$$\begin{pmatrix} r_{\text{out}} \\ \theta_{\text{out}} \end{pmatrix} = \begin{pmatrix} r \\ W \times k \times (\theta - \theta_1) + \theta_1 \end{pmatrix} \tag{4.26}$$

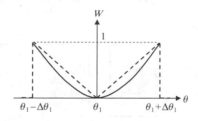

圖 4.9　在 θ 的加權函數

式(4.26)和式(4.24)的不同在於，色相補償中乘上加權函數 $W(\theta)$ 的部分。

線性加權函數，能夠消除膚色補償時候的色相不連續性，對於遠離 θ_1 的膚色，補償的強度則大幅地減弱。為了改善這個，導入非線性的加權函數。非線性函數有很多種，比較簡易地能夠實現之三角函數的例子如下。

$$W(\theta) = 1 - \cos(\frac{\theta - \theta_1}{\Delta\theta_1} \times \frac{\pi}{2}) \quad ; \quad \theta_1 - \Delta\theta_1 \leq \theta \leq \theta_1 + \Delta\theta_1 \tag{4.27}$$

圖 4.9 表示的是上列式子的曲線。比起線性的加權函數，非線性加權函數的值比較小。因此，補償效果則比起線性加權函數來得強。

以膚色補償後的極座標表示之 $r - \theta$ 值，需要轉換為以直角座標來表示的 $C'_b - C'_r$ 值。此轉換式透過下列式子來進行。

$$C'_r = r_{out} \tan \theta_{out}$$
$$C'_b = r_{out} / \tan \theta_{out} \tag{4.28}$$

膚色的補償處理，因為在輝度訊號 Y' 沒有變化，補償後的輝度值沿用原來補償前的輝度值。

圖 4.10 是膚色補償處理的系統組成。首先，利用式(4.23)將直角座標系 $C'_b - C'_r$ 轉換至極座標 $r - \theta$ 值。接下來，使用以 $r - \theta$ 極座標系統表示的式(4.26)，對膚色進行補償處理。再來，透過式(4.28)將膚色處理的結果從極座標 $r - \theta$ 值轉換至直角座標系 $C'_b - C'_r$ 值。最後，透過式(4.1)將補償後的 Y'C'bC'r 值轉換成 R'G'B' 3 原色值，處理結束。

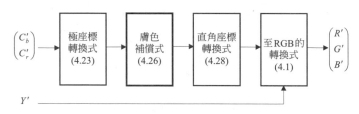

圖 4.10　膚色補償處理系統的組成

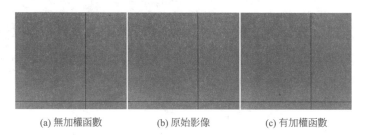

(a) 無加權函數　　　(b) 原始影像　　　(c) 有加權函數

圖 4.11　透過有無加權函數之膚色補償效果的比較

圖 4.11 是表示使用影像模式對於加權函數的膚色補償效果。圖 4.11(b)是原始影像，圖 4.11(a)是沒有加權函數的補償結果。被指定的範圍中膚色的色相雖被漂亮地補償，經過色相的補償處理，產生不連續的邊界。圖 4.11(c)是使用式(4.27)

的非線性加權函數的補償結果。這個補償中，比起圖 4.11(a)色相中看不到明顯的不連續性。

　　圖 4.12 是人物照片的膚色補償效果。圖 4.12(a)是補償前的原始影像，圖(b)是補償後的影像。試著比較兩者後，補償後的膚色與補償之前比起來偏向粉紅色，色斑狀況被減輕了。膚色的補償，因為是將補償範圍的色相壓縮至理想中的膚色之色相，比起色相的均勻處理，更能夠期待色斑的減輕效果。

　　在此，說明圖 4.12 的膚色補償如何將偏黃的膚色改變成偏粉紅色。圖 4.8(b)表示的是補償前後色相的變化。區域 aefbcghda 是補償之前的色相分佈範圍，區域 efghe 是補償後的色相分佈範圍。圖 4.12(a)的原始影像之中膚色的大部分，在 θ_1 的左側（偏黃色部分），θ_1 的右側的膚色較少。透過膚色的處理，在 θ_1 左側偏黃的顏色往 θ_1（偏粉紅色）的方向壓縮。補償處理後的膚色，變得偏向粉紅色。

　　圖 4.12 的影像資料用 ITU-R BT. 601 標準的 Y'C'bC'r 處理，以式(4.26)基於 $\theta_1 = 110°$、$\Delta\theta_1 = 20°$ 所求得。圖 4.12 是靜止的照片影像，故意地添些紅色以深粉紅色來修飾。顯示透過 θ_1 的變化來改變補償效果。例如，電視等等的動畫之情況，以 $\theta_1 = 123°$ 得到淺粉紅色，得到較為自然的補償效果。

(a) 原始影像　　　　　　(b) 補償影像

圖 4.12　膚色的補償例子

　　因為普通的膚色是不會那麼深的關係，透過參數 r_2 的設定值，能夠避免補償到與膚色具有相同色相的其他較濃顏色。

膚色補償的一般原理（非加權函數的情況）在參考文獻 1(pp.414-415)之中介紹到。不僅是使用加權函數的色相，關於彩度與明度的補償方法，請參考文獻 2、4。

在此描述過膚色的補償方法，有和膚色具有相同顏色的物體都會被當作膚色來補償的缺點。對於這個物件導向(object-oriented)的畫質補償技術[*5,*6]被提出。物件導向的畫質補償技術，首先經過電腦視覺的辨識技術，提取臉部等等的拍攝主體[*7,*8]。這個方法，僅針對被提取出的拍攝主體，進行包括膚色補償的畫質補償，避免對於拍攝主體之外，非期望的部分進行補償。

4.3　藍色的擴張技術

舊建築的白色牆壁，常看到變色而顯得白蠟黃（含有黃色）。這個透過將白蠟黃轉換為藍白色製作出清澈的影像是能夠辦到的[*9]。這樣的處理被稱為**藍色的擴張處理**。

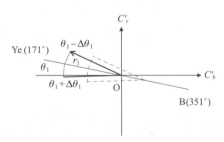

圖 4.13　藍色的擴張處理方法

以圖 4.13 來說明藍色的擴張處理。圖 4.1 所表示各色之色相關係與圖 4.13 進行比較，找出黃色與藍色的色相。在這裡，影像訊號用 ITU-R BT. 601 標準的話，R'G'B'–Y'C'bC'r 轉換使用式(3.50)。純的黃色 Ye 是將 $R=1$，$G=1$，$B=0$ 代入式(3.50)求出的 Y'C'bC'r。將得到的 C'bC'r 值代入式(4.23)後，得到色相 $\theta=171°$。同樣地在純的藍色 $R=0$，$G=0$，$B=1$ 代入後，得到藍色 B 的色相 $\theta=351°$。此結果，黃色的色相角度與藍色的色相角度，因為是相差了 180 度，是相反的方向。

在此，黃色的色相為 θ_1，進行處理的色相之範圍是 $\theta_1 \pm \Delta\theta_1$，彩度為 0 至 r_1。擴張處理是實線的三角形區域的色彩領域，位移至虛線的三角形區域。透過這樣的處理能夠將白蠟黃色位移至淺藍色。這樣的擴張處理，可以表示為下列式子

if $((r < r_1)\,\&\,(\theta > \theta - \Delta\theta_1)\,\&\,(\theta < \theta_1 + \Delta\theta_1)\,\&\,(Y' > Y'_1))$ then

$$\begin{pmatrix} C'_{b\,\text{out}} \\ C'_{r\,\text{out}} \end{pmatrix} = \begin{pmatrix} C'_b + k \times (Y' - Y'_1) \\ C'_r + \tan(180° - \theta_1) \times k \times (Y' - Y'_1) \end{pmatrix} \tag{4.29}$$

因為白色的輝度值較高，上面描述的處理僅對比 Y'_1 大的輝度值進行。另外，此處理是將淡黃色的彩度接近於藍色的關係，僅對彩度值小於 r_1 的像素進行。這些條件，反映在上列式子中。

對於滿足條件的像素，說明式(4.29)對其進行的處理內容。將對於應輝度訊號 Y' 大小之 C'_b，C'_r 位移一個定量。k 是控制擴張強度的參數，範圍設定於 0 至 1 之間。此情況下，對於色差訊號 C'_b 位移量是 $k \times (Y' - Y'_1)$。另外，對於往 $(180° - \theta_1)$ 方向的 C'_b 訊號位移量「$k \times (Y' - Y'_1)$」，色差訊號 C'_r 的位移量變成「$-\tan(180 - \theta_1)k \times (Y' - Y'_1)$」。

圖 4.16(a)表示透過式(4.29)之藍色擴張效果，被指定的區域之黃色變成藍色。但是，處理目標區域的色相邊界中會產生色彩的不連續性。此不連續性，是在藍色擴張之影像中，會出現不自然的色斑。為了解決這個問題，和膚色補償的情況相同，接下來說明設定關於 θ 的加權函數來消除色彩的不連續性之方法。圖 4.14 是表示兩個加權函數。虛線是關於 θ 的加權函數，實線是非線性的加權函數。

線性加權函數的情況，如下列式子所表示

$$W(\theta) = 1 - \frac{|\theta - \theta_1|}{\Delta\theta_1} \;;\; \theta_1 - \Delta\theta_1 \leq \theta \leq \theta_1 + \Delta\theta_1 \tag{4.30}$$

將上列式子反映制式(4.29)後，得到如同下列改善藍色擴張處理演算法的式子。

if $((r < r_1)\,\&\,(\theta > \theta_1 - \Delta\theta_1)\,\&\,(\theta < \theta_1 + \Delta\theta_1)\,\&\,(Y' > Y'_1))$ then

$$\begin{pmatrix} C'_{b\,out} \\ C'_{r\,out} \end{pmatrix} = \begin{pmatrix} C'_b + W \times k \times (Y' - Y'_{min}) \\ C'_r - W \times \tan(180 - \theta_1) \times (Y' - Y'_1) \end{pmatrix} \qquad (4.31)$$

雖然線性加權函數較容易實現，但缺點是對於遠離於 θ_1 區域的擴張強度減弱。為了改善這個，則使用非線性加權函數。

非線性函數有各種的型態，這裡利用下列式子。

$$W(\theta) = \cos(\frac{\theta - \theta_1}{\Delta\theta_1} \times \frac{\pi}{2})\;;\;\theta_1 - \Delta\theta_1 \le \theta \le \theta_1 + \Delta\theta_1 \qquad (4.32)$$

以上的式子是圖 4.14 中的實線曲線。

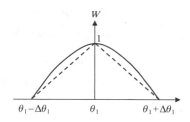

圖 4.14　關於 θ 的加權函數
（虛線：線性函數，實線：非線性函數）

另外，有存在著複雜、無法用公式表達的非線性之加權函數，以及無法用硬體計算的函數。這樣的情況下，利用 LUT(look up table)的話，可以較容易地實現出複雜的加權函數。

圖 4.15 是表示藍色擴張處理的系統組成。首先，利用式(4.23)將直角座標系統的 $C'_b - C'_r$ 值轉換成極座標系統的 $r - \theta$ 值。然後，利用式(4.31)進行藍色的擴張處理。最後，藍色的擴張處理執行後，透過式(4.1)將 Y'C'bC'r 值轉換成 R'G'B' 的 3 原色值，處理結束。

如前所述，圖 4.16 是表示使用影像模式，對於有無加權函數之藍色的擴張處理效果的比較圖。圖 4.16(b)是原始影像，圖 4.16(a)是沒有加權函數的藍色擴張處

理的結果。被指定的範圍之黃色雖會改變成藍色，但是在邊界上會因爲藍色的擴張處理產生色彩的不連續性。圖 4.16(c)是使用式(4.32)的非線性加權函數的處理結果。在這個圖中，看不到如同圖 4.16(a)這樣明顯的不連續性。

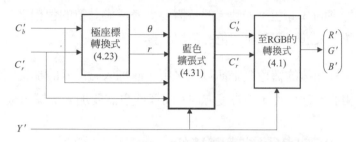

圖 4.15　藍色擴張處理系統的組成

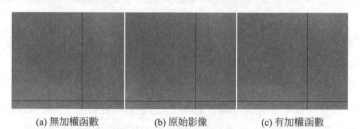

(a) 無加權函數　　　　(b) 原始影像　　　　(c) 有加權函數

圖 4.16　有無加權函數對藍色擴張效果的比較

(a) 原始影像　　(b) 藍色的擴張影像

圖 4.17　藍色擴張處理的例子

圖 4.17 是在自然影像的藍色擴張的處理例子。圖 4.17(a)是原始影像，圖 4.17(b)是藍色擴張的處理結果。比較兩個影像後，原始影像的白蠟黃牆壁變成了藍白色的牆壁。

以圖 4.13 來說明藍色擴張原理的時候，藍色的色相是351°，黃色的色相171°。這是影像訊號用 ITU-R BT 601 標準的情況，透過式(3.50)所得到的。ITU-R BT 709 標準的情況下，使用式(3.37)來計算色相。實際的顯示螢幕中，也有和 ITU-R BT 601/709 標準的 3 原色不一致。此時需要參考透過計算的色相之結果，邊看著藍色的擴張效果來進行藍色與黃色的色相調整。

另外，這裡描述的藍色擴張演算法之中，僅加入關於 θ 的加權函數雖然可以消除對於色相的不連續性，在彩度方向 r 同樣地也需要加入加權函數。

4.4　6 軸的色彩補償技術

4.4.1　6 軸的定義

對於伽馬補償後的非線性訊號之相同色相的顏色，是透過式(4.6)：$R':G':B'=a:b:c$ 來決定。相同地，對於線性訊號具有相同色相的顏色，透過式(4.11)：$R:G:B=l:m:n$ 來決定。線性訊號經過逆伽馬補償後，可視為非線性訊號；表示相同色系的時候，非線性訊號與線性訊號的關係，為式(4.17) $l=a^\gamma$; $m=b^\gamma$; $n=c^\gamma$ 的關係。

由於伽馬補償是為了消除螢幕上的伽馬特性所進行的處理，螢幕上的影像顯示效果，是以線性訊號的特性來反映。電視等等的影像訊號是經過伽馬補償後的非線性訊號。因此，期望能夠直接進行非線性訊號的明度、彩度、色相的補償。但是，非線性訊號經過補償後，螢幕上所得到的補償效果會產生色相偏移。

為了解決這個問題，並非所有的色相而是紅色(R)、綠色(G)、藍色(B)、黃色(Ye)、藍綠色(Cy)、紫色(M)的六色為主軸來開發進行補償的方法[10-*12]。這個情況下，對於 6 種顏色的線性訊號色相之式(4.3)值，與非線性訊號的色相之式(4.14)值相同。

在此，首先使用非線性訊號的色差：式(4.5)，推導 6 軸的色相表示式。將色差的式(4.5)代入色相的式(4.3)後，可得到下列的式子。對於非線性訊號的色相，可由此式求得。

$$\theta = \tan^{-1}\left(\frac{C'_r}{C'_b}\right) = \tan^{-1}\left(\frac{b_R R' + b_G G' + b_B B'}{r_R R' + r_G G' + r_B B'}\right) \tag{4.33}$$

將 3 原色的紅色(R)、綠色(G)、藍色(B)為軸的時候，使用上列式子並將其餘 2 種顏色設定為 0，可以得到該軸的色相。在此，首先說明以紅色(R)為軸的例子。在純的紅色中，由於綠色與藍色值為 0

$$R' \neq 0 \ ; \ G' = B' = 0 \tag{4.34}$$

成立。將這些代入式(4.33)後可以得到

$$\theta_R = \tan^{-1}\left(\frac{b_R}{r_R}\right) \tag{4.35}$$

同樣地對於在綠色(G)以及藍色(B)的軸之色相，如同下列

$$\theta_G = \tan^{-1}\left(\frac{b_G}{r_G}\right) \tag{4.36}$$

$$\theta_B = \tan^{-1}\left(\frac{b_B}{r_B}\right) \tag{4.37}$$

接著來描述以黃色(Ye)、藍綠色(Cy)、紫色(M)為軸的時候，決定色相的方法。

在此，透過以黃色(Ye)為軸的例子來做說明。純的黃色是藍色比例為 0，紅色與綠色均等地混合，對於 3 原色以下的關係成立。

$$B' = 0 \ ; \ R' = G' \neq 0 \tag{4.38}$$

將式(4.38)代入至式(4.33)後，黃色的色相如下列的關係

$$\theta_{Ye} = \tan^{-1}\left(\frac{b_R + b_G}{r_R + r_G}\right) \tag{4.39}$$

同樣地，藍綠色軸的色相是紅色的比例爲 0，藍色與綠色均等地混合。藍綠色軸的色相透過式(4.40)和式(4.33)如下

$$R' = 0 \ ; \ B' = G' \neq 0 \tag{4.40}$$

$$\theta_{Cy} = \tan^{-1}\left(\frac{b_G + b_B}{r_B + r_B}\right) \tag{4.41}$$

另外，紫色軸的色相是綠色比例爲 0，藍色與紅色均等地混合。紫色軸的色相透過式(4.42)和式(4.33)如下

$$G' = 0 \ ; \ B' = R' \neq 0 \tag{4.42}$$

$$\theta_{M} = \tan^{-1}\left(\frac{b_R + b_B}{r_R + r_B}\right) \tag{4.43}$$

以上爲非線性訊號的情況下關於 6 軸色相的計算，對於線性訊號也是以相同方法，能夠透過式(4.10)和式(4.14)，求出與線性訊號具有相同值的 6 軸之色相。關於此 6 軸的色相，因爲與線性或非線性訊號的性質無關，對於即使像是電視的非線性系統，也常用到以這 6 軸爲基準之色彩的補償方法。

ITU-R BT. 601 標準的情況下（SDTV 標準），與式(4.5)相等的是式(3.49)。將此式的各係數代入至式(4.35)、式(4.36)、式(4.37)、式(4.39)、式(4.41)以及式(4.43)之後，可以求出六軸的色相。

　　表 4.1 是對於符合 ITU-R BT. 601 標準之影像訊號，6 軸的定義以及色相的表示。

　　圖 4.18 是用 $C'_b - C'_r$ 座標系統，表示較爲易懂且直覺的表 4.1 之 6 軸的色相：紅色(R)、綠色(G)、藍色(B)、黃色(Ye)、藍綠色(Cy)以及紫色(M)的 6 軸色相之關係。（參考章節 2.3.8）

　　由式(4.33)所得知，因爲色相是取決於標準的，6 軸的色相值隨著標準而有變化。表 4.1 表示的是符合 ITU-R BT. 601 標準（SDTV 標準）之影像訊號的 6 軸色相資訊。對於 ITU-R BT. 709 標準（HDTV 標準）其色差訊號是由式(3.36)所決定。將式(3.36)的各係數代入至式(4.35)、式(4.36)、式(4.37)、式(4.39)、式(4.41)以及式(4.43)之後，可以求出對於 HDTV 標準的 6 軸色相。所求出的色相，列於表 4.2 中。

表 4.1　6 軸的色相（ITU-R BT. 601 標準：SDTV 標準）

6 軸	原色 R'	原色 G'	原色 B'	色相 θ
紅色(R)	$R' \neq 0$	0	0	109°
黃色(Ye)	$R' \neq 0$	$G' = R'$	0	171°
綠色(G)	0	$G' \neq 0$	0	232°
藍綠(Cy)	0	$G' \neq 0$	$B' = G'$	289°
藍色(B)	0	0	$B' \neq 0$	351°
紫色(M)	$R' \neq 0$	0	$B' = R'$	52°

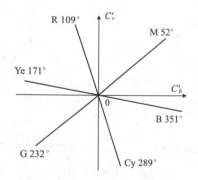

圖 4.18　$C'_b - C'_r$ 座標上的 6 軸的位置（SDTV 訊號）

表 4.2　6 軸的色相（ITU-R BT. 709 標準：HDTV 標準）

6 軸	原色 R'	原色 G'	原色 B'	色相 θ
紅色(R)	$R' \neq 0$	0	0	103°
黃色(Ye)	$R' \neq 0$	$G' = R'$	0	175°
綠色(G)	0	$G' \neq 0$	0	230°
藍綠(Cy)	0	$G' \neq 0$	$B' = G'$	283°
藍色(B)	0	0	$B' \neq 0$	355°
紫色(M)	$R' \neq 0$	0	$B' = R'$	50°

　　在此，計算 6 軸色相的時候，使用式(3.36)。在色差的定義式中，因為有許多種的型態，請注意定義式對於 6 軸色相的變化。NTSC 訊號的 I、Q 訊號所用到的 6 軸色相，於參考文獻 1(p.25)中有介紹到。

4.4.2　6 軸的色彩補償方法

A. 6 軸的色彩的補償範圍

　　這裡將說明到紅色(R)、綠色(G)、藍色(B)、黃色(Ye)、藍綠色(Cy)以及紫色(M)6 色的色相為軸的色彩補償方法。圖 4.19 表示的是 6 軸的色彩補償方法。在此 6 軸的色相角度 θ_1 為中心，範圍是 $\Delta\theta_1$，這表示在圖 4.19(a)。為了將補償的結果看起來較為自然，使用如圖 4.19(b)所表示的加權函數。

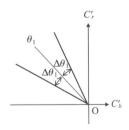

(a) 6 軸的 θ_1 的色彩補償範圍

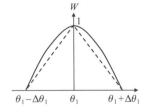

(b) 對於 θ_1 的加權函數
(虛線：線性函數，實線：非線性函數)

圖 4.19　6 軸的色彩補償方法

圖 4.19(b)所表示的 2 個加權函數在以下的式子中用到。

線性函數：

$$W(\theta) = 1 - \frac{|\theta - \theta_1|}{\Delta\theta_1} \ ; \ \theta_1 - \Delta\theta_1 \leq \theta \leq \theta_1 + \Delta\theta_1 \qquad (4.44)$$

非線性函數：

$$W(\theta) = 1 - \cos(\frac{\theta - \theta_1}{\Delta\theta_1} \times \frac{\pi}{2}) \ ; \ \theta_1 - \Delta\theta_1 \leq \theta \leq \theta_1 + \Delta\theta_1 \qquad (4.45)$$

B. 6 軸的色相補償方法

在此說明 6 軸的色相、彩度以及明度（輝度）的補償方法。

首先，色相的補償是以下列式子來進行

if $((\theta > \theta_1 - \Delta\theta_1) \& (\theta < \theta_1 + \Delta\theta_1))$ then

$$\begin{pmatrix} C'_{b\,out} \\ C'_{r\,out} \end{pmatrix} = \begin{pmatrix} C'_b \times \cos(W \times K_H) + C'_r \times \sin(W \times K_H) \\ -C'_b \times \sin(W \times K_H) \times C'_r \times \cos(W \times K_H) \end{pmatrix} \qquad (4.46)$$

以上的式子與式(4.19)在形式上相當類似。

式(4.19)是對於所有的顏色進行處理，式(4.46)是對軸 θ_1 進行處理。此式中，K_H 是控制色相補償的強度之參數，K_H 越大的話，作為目標的色相旋轉越大。$K_H = 0$ 的情況時，不進行補償。另外，透過加權係數的作用，補償範圍離中心軸 θ_1 越近補償越強。

C. 6 軸的彩度補償方法

彩度的補償利用下列式子來進行

if $((\theta > \theta_1 - \Delta\theta_1) \& (\theta < \theta_1 + \Delta\theta_1))$ then

$$\begin{pmatrix} C'_{b\,out} \\ C'_{r\,out} \end{pmatrix} = \begin{pmatrix} C'_b \times (1 + W \times K_S) \\ C'_r \times (1 + W \times K_S) \end{pmatrix} \tag{4.47}$$

上面的式子，對於軸 θ_1 所進行之彩度的補償處理，其目標範圍表示在圖 4.19(a)。上式的 K_S 是控制彩度補償的強度之參數。K_S 越大，目標影像的彩度越為鮮豔。$K_S = 0$ 的情況下，不進行補償。K_S 為負的時候，具有彩度變淡的效果。透過與色相的補償相同之加權係數的作用下，補償範圍之中越靠近 θ_1，補償強度越大。

D. 6 軸的明度補償方法

明度（輝度）的補償利用下列式子來進行

if $((\theta > \theta_1 - \Delta\theta_1) \& (\theta < \theta_1 + \Delta\theta_1))$ then

$$Y'_{out} = Y' \times (1 + W \times K_Y) \tag{4.48}$$

以上的式子，對於軸 θ_1 所進行之輝度的補償處理，其目標範圍和 C 相同表示在圖 4.19(a)。上式的 K_Y 是控制輝度補償的強度之參數。K_Y 越大的話，目標影像的輝度則越明亮。$K_Y = 0$ 的情況下，不進行補償。K_Y 為負的時候，輝度會有變暗的效果。透過與色相的補償相同之加權係數的作用下，補償範圍之中越靠近 θ_1，補償強度越大。

E. 6 軸的系統組成

關於圖 4.20 所表示的 6 軸的色彩補償處理，來說明訊號處理的流程。對於 Y'C'bC'r 的輸入訊號，進行了式(4.46)的色相之補償，式(4.47)的彩度之補償，以及式(4.48)的明度補償之後，Y'C'bC'r 轉換為 R'G'B'，輸出至螢幕。

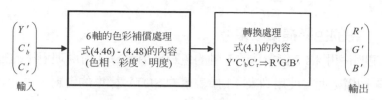

圖 4.20　6 軸的色彩補償處理流程

　　關於 6 軸的色彩補償處理，色相的補償，彩度的補償，以及明度的補償無法同時地在同一軸進行。例如，在紅色軸，同時進行色相的補償與彩度的補償。對於色相處理後的訊號，紅色的色相改變。也就是說，紅色由其他顏色所補償。彩度補償的軸，因為原先是紅色的色相，打算對於紅色進行彩度補償，結果變成對非紅色的色彩進行彩度補償。色相、彩度以及明度同時補償的方法，在參考文獻 10 中有介紹到。

　　圖 4.19(a)中表示之 6 軸的色彩補償範圍，應該是「對稱於軸」，接下來，考慮非對稱的情況。圖 4.18 的 R 軸為例，R 軸與比鄰的 Ye 軸，以及 M 軸之間的角度皆不相同。這個的色彩補償範圍，比鄰之軸的中心為止，加權函數為非對稱。

　　另外，有方法能夠將補償範圍延伸至比鄰的軸。例如，從與 R 軸的補償範圍比鄰的 Ye 軸至 M 軸為止都可以設定，同樣地關於 Ye 軸與 M 軸的補償範圍至 R 軸為止也能夠設定。

　　如此，6 軸的色彩補償，時常與 2 個軸有關。例如，存在於 R 軸和 Ye 軸之間某色相的補償，需要式(4.46)－(4.48)的補償式中兩個加權函數。細節請參考文獻 11。

　　另外 3 原色 RGB 的各成分，對於輝度 Y 的貢獻度有所差異。並非對於所有的顏色都以相同的強度係數來進行明度補償。根據與色相對應的明度係數之補償方法，在參考文獻 12 中有提到。

4.4.3　6 軸的色彩補償效果

在此說明使用 4.4.2 節所述的 6 軸的色彩補償演算法所處理過後的補償效果。6 軸的色彩補償處理，使用到表 4.1 所表示的 SDTV 標準的資料。

A. 6 軸的色相補償效果

圖 4.21 表示的是以紅色軸為例之情況下，色相的補償效果。圖 4.21(b)是符合 SDTV 標準的原始影像。圖 4.21(a)與圖 4.21(c)是不同參數情況下的補償結果。圖 4.21(a)是式(4.46)的參數 K_H 設定為 60 度所進行的結果。由圖 4.18 得知，將紅色旋轉 60 度左右後，會變成黃色。圖 4.21(a)的紅色與其相近的顏色，由於變得偏黃，可以知道有正確地進行色相補償。相同地，圖 4.21(c)是式(4.46)的參數 $K_H = 120°$ 時所得到的補償效果。可以得知原本的紅色被補償為綠色。

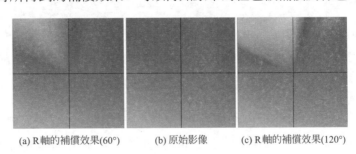

(a) R軸的補償效果(60°)　　(b) 原始影像　　(c) R軸的補償效果(120°)

圖 4.21　6 軸的色相補償效果

B. 6 軸的彩度補償效果

圖 4.22 表示的是 6 軸的彩度之補償效果。圖 4.22(b)是符合 SDTV 標準的原始影像。圖 4.22(a)表示的是以紅色(R)、綠色(G)以及藍色(B)為軸的彩度之補償效果。在此，由於式(4.47)的強度係數 K_H 設定為比 0 還大的值，比起圖 4.22(b)的原影像，紅色、綠色以及藍色附近的彩度變得較為鮮豔。圖 4.22(c)是以黃色(Ye)、藍綠(Cy)以及紫色(M)為軸的補償結果。和 RGB 軸相同地，由於設定為 $K_H > 1$ 的關係，黃色、藍綠以及紫色的附近之彩度，可以看出經過補償而較為鮮豔。

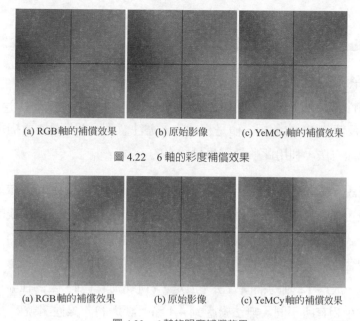

(a) RGB軸的補償效果　　　(b) 原始影像　　　(c) YeMCy軸的補償效果

圖 4.22　6 軸的彩度補償效果

(a) RGB軸的補償效果　　　(b) 原始影像　　　(c) YeMCy軸的補償效果

圖 4.23　6 軸的明度補償效果

C. 6 軸的明度補償效果

　　圖 4.23 所表示的是 6 軸的明度補償效果。圖 4.23(b)是符合 SDTV 標準的原始影像。圖 4.23(a)是顯示以紅色(R)、綠色(G)以及藍色(B)爲軸的輝度之補償效果。在此,由於式 (4.48)的強度係數 K_Y 設定爲大於 0 的值,比起圖 4.23(b)的原始影像,可以知道紅色、綠色以及藍色的附近之輝度值提高。圖 4.23(c)是黃色(Ye)、藍綠(Cy)以及紫色(M)爲軸的補償結果。和 RGB 軸相同地,由於設定爲 $K_Y > 1$ 的關係,黃色、藍綠以及紫色的附近之輝度,可以看出經過補償而較爲明亮。

4.5　使用線性訊號的影像處理系統

4.5.1　系統的組成

對於線性訊號與非線性訊號白色(W)、紅色(R)、綠色(G)、藍色(B)、黃色(Ye)、藍綠(Cy)以及紫色(M)的色相，值是相同的。需注意到，章節 4.4 所描述之 6 軸的色彩補償處理方法，利用此一性質也是成立的。

一般來說，螢幕等等的輸出設備所顯示，能為肉眼感受到的影像效果，是透過線性訊號，而不是透過非線性訊號。非線性訊號的色相和線性訊號的色相，雖可以分別由式(4.3)和式(4.14)來求得，而這些色相卻是不同的。本章 4.4 節所談到的 6 軸與白色之外，舉例來說，為了對色彩更細微地補償，可以考慮 6 軸之間分別增加 1 軸，成為 12 軸的補償方法。但是，對於增加新軸，因為在非線性訊號與線性訊號的色相有所不同，無法對應到 4.4 節所談過的非線性訊號處理系統。

為了與此做對應，非線性訊號轉換成線性訊號後，有方法進行色彩的補償等等的影像處理。圖 4.24 是表示用於線性訊號的影像處理系統的組成。在這裡，將說明圖 4.24 的線性訊號的影像處理方法。

對於輸入訊號 Y'C'bC'r，首先，進行色彩空間的轉換處理將 Y'C'bC'r 轉換至 R'G'B'的 3 原色訊號。然後，進行逆伽馬處理，將非線性訊號 R'G'B'回復至線性訊號 RGB。接下來，由線性訊號 RGB 求出該輝度與色差訊號 YCbCr。對於線性的輝度與色差訊號 YCbCr，進行 6 軸的色彩補償等等的影像處理。影像處理後，將輝度與色差訊號 YCbCr 回復至 3 原色訊號 RGB，進行伽馬補償，轉換線性訊號 RGB 成為非線性訊號 R'G'B' 然後輸出。

接著說明關於圖 4.24 表示的色彩空間轉換，以及逆伽馬處理。

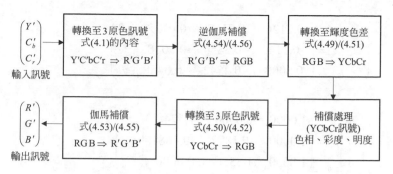

圖 4.24　線性訊號的影像處理系統之組成

4.5.2　色彩空間轉換

在此，定義 3 原色訊號與輝度色差訊號轉換之色彩空間轉換。非線性訊號的色彩空間轉換：從 Y'C'bC'b 訊號至 R'G'B' 訊號的轉換處理表示於式(4.1)。具體來說，ITU-R BT. 601 標準（SDTV 標準）的話是式(3.53)，ITU-R BT. 709 標準（HDTV 標準）的話是式(3.42)，來分別進行轉換。

線性訊號的色彩空間可由式(3.25)與式(3.26)來求出。SDTV 標準的轉換「RGB ⇒ YCbCr」的情況，適用於式(4.49)。這和非線性訊號的轉換式，式(3.50)對應。

$$\begin{pmatrix} Y \\ C_b \\ C_r \end{pmatrix}_{601} = \begin{pmatrix} 0.2990 & 0.5870 & 0.1140 \\ -0.1687 & -0.3313 & 0.5000 \\ 0.5000 & -0.4187 & -0.0813 \end{pmatrix} \begin{pmatrix} R \\ G \\ B \end{pmatrix}_{601} \tag{4.49}$$

「YCbCr ⇒ RGB」的轉換式是上列式子的逆轉換，如下所表示。此式對應於非線性訊號的轉換式，式(3.53)。

$$\begin{pmatrix} R \\ G \\ B \end{pmatrix}_{601} = \begin{pmatrix} 1.0000 & 0.0000 & 1.4020 \\ 1.0000 & -0.3441 & -0.7141 \\ 1.0000 & 1.7720 & 0.0000 \end{pmatrix} \begin{pmatrix} Y \\ C_b \\ C_r \end{pmatrix}_{601} \tag{4.50}$$

關於 HDTV 標準，和 SDTV 標準相同地，「RGB ⇒ YCbCr」轉換和「YCbCr ⇒ RGB」轉換，如下所示。

$$\begin{pmatrix} Y \\ C_b \\ C_r \end{pmatrix}_{709} = \begin{pmatrix} 0.2126 & 0.7152 & 0.0722 \\ -0.1146 & -0.3854 & 0.5000 \\ 0.5000 & -0.4542 & -0.0458 \end{pmatrix} \begin{pmatrix} R \\ G \\ B \end{pmatrix}_{709} \qquad (4.51)$$

$$\begin{pmatrix} R \\ G \\ B \end{pmatrix}_{709} = \begin{pmatrix} 1.0000 & 0.0000 & 1.5748 \\ 1.0000 & -0.1872 & -0.4681 \\ 1.0000 & 1.8556 & 0.0000 \end{pmatrix} \begin{pmatrix} Y \\ C_b \\ C_r \end{pmatrix}_{709} \qquad (4.52)$$

上列式子與非線性訊號的轉換式：式(3.37)和式(3.42)對應。

　　「RGB ⇒ YCbCr」轉換式和「YCbCr ⇒ RGB」轉換式，常常必須成對地使用。但是，這些的色彩空間之轉換，由於是為了補償所進行的，與輸入訊號無關，另外，使用何種成對的轉換是由設計者來決定。這些利用線性訊號的影像處理，也被用於電視攝影機的設計中（參考文獻 13, pp.264-267）。

4.5.3　逆伽馬處理

　　將伽馬處理後的非線性訊號 R'G'B' 還原至線性訊號 RGB 的處理，稱之為逆伽馬處理。ITU-R BT. 601 標準（SDTV 標準）和 ITU-R BT. 709 標準（HDTV 標準）使用相同的逆伽馬補償。為了方便起見，將式(3.42)重複如下。

$$R'_{709} = \begin{cases} 1.099 R_{709}^{0.45} - 0.099\,; & 1 \geq R_{709} \geq 0.018 \\ 4.500 R_{709}\,; & 0.018 > R_{709} \geq 0 \end{cases}$$

$$G'_{709} = \begin{cases} 1.099 G_{709}^{0.45} - 0.099\,; & 1 \geq G_{709} \geq 0.018 \\ 4.500 G_{709}\,; & 0.018 > G_{709} \geq 0 \end{cases} \qquad (4.53)$$

$$B'_{709} = \begin{cases} 1.099 B_{709}^{0.45} - 0.099\,; & 1 \geq B_{709} \geq 0.018 \\ 4.500 B_{709}\,; & 0.018 > B_{709} \geq 0 \end{cases}$$

逆伽馬處理為上列式子的逆處理，由式(4.42)得到如下

$$R_{709} = \begin{cases} \left(\dfrac{R'_{709}+0.099}{1.099}\right)^{\frac{1}{0.45}} ; & 1 \geq R'_{709} \geq 0.81 \\[3mm] \dfrac{R'_{709}}{4.50} ; & 0.81 > R'_{709} \geq 0 \end{cases}$$

$$G_{709} = \begin{cases} \left(\dfrac{G'_{709}+0.099}{1.099}\right)^{\frac{1}{0.45}} ; & 1 \geq G'_{709} \geq 0.81 \\[3mm] \dfrac{G'_{709}}{4.50} ; & 0.81 > G'_{709} \geq 0 \end{cases} \qquad (4.54)$$

$$B_{709} = \begin{cases} \left(\dfrac{B'_{709}+0.099}{1.099}\right)^{\frac{1}{0.45}} ; & 1 \geq B'_{709} \geq 0.81 \\[3mm] \dfrac{B'_{709}}{4.50} ; & 0.81 > B'_{709} \geq 0 \end{cases}$$

圖 4.24 的逆伽馬處理使用的是上列的式子。關於之後的伽馬處理，與式(4.53)成對地使用。

另外，顯示螢幕的伽馬特性，以式(3.20)來表示。標準螢幕的情況 $\gamma = 2.2$。用式(4.55)來表示此伽馬補償，指數值為 $1/\gamma = 1/2.2 \fallingdotseq 0.45$。接下來的伽馬補償式子，與式(3.21)對應。

$$\begin{aligned} R' &= R^{0.45} \\ G' &= G^{0.45} \\ B' &= B^{0.45} \end{aligned} \qquad (4.55)$$

上列式子的逆運算是逆伽馬處理，如下所表示。

$$\begin{aligned} R &= R'^{2.2} \\ G &= G'^{2.2} \\ B &= B'^{2.2} \end{aligned} \qquad (4.56)$$

　　以上的逆伽馬處理的式子，對應至式(3.20)。式(4.56)以及式(4.55)，是圖 4.24 的逆伽馬處理與伽馬補償，成對地使用。

　　圖 4.24 中表示的線性影像處理系統，因為假設以處理輝度色差訊號之 SDTV 標準和 HDTV 標準所組成，3 原色 RGB 值是在 0 與 1 之間。

　　為了能夠涵蓋 3 原色 RGB 值的範圍，對於將此系統運用於其他標準的時候，必須適用於該標準的伽馬補償和逆伽馬處理的方式。

　　舉例來說，對於 bg-sRGB 標準，式(3.63)以及式(3.68)；sYCC 標準，式(3.73)以及式(3.78)；sRGB 基本標準，式(3.57)以及式(3.60)；xvYCC 標準，式(3.81)以及式(3.88)，分別以成對地適用。

　　但是，輸出訊號 R'G'B' 之後沒有其它的處理，依照原狀傳送的情況時，由於 RGB 的值被箝制在 0-1 的範圍中，使用式(4.53)到式(4.56)的逆伽馬處理以及伽馬補償即可。這是因為螢幕所能夠接受的訊號範圍在 0-1 之間。

4.6　使用 YCbCr 以外的色彩空間之影像處理系統

　　前面描述到的色彩的補償方法，顧慮到電視而使用 YCbCr 色彩空間來進行。本節中描述使用 YCbCr 以外的色彩空間的色彩補償方法。孟賽爾表色系[*14] 與 PCCS 配色系（日本色研配色體系：Practical Color Co-ordinate System）[*15]，因為是對色彩進行編號來表示的色彩空間，應用於將色彩當作是連續值來處理的數位影像處理系統，是很困難的。除此之外，能夠以明度、彩度以及色相來表示的表色系之色彩空間中，能應用於「包含色彩調整的影像處理系統」。

　　在此，說明於 HSV 色彩空間以及 L*a*b* 色彩空間的色彩補償方法。在 HSV 空間，RGB 的範圍是在[0, 1]。L*a*b* 色彩空間，是測量色彩之間在心理上的差異所使用（2.6.3 節以及參考文獻 18, pp.127-133），因為是基於 XYZ 訊號的關係，所處理之 RGB 範圍是包含負的值與大於 1 的值。

4.6.1　於 HSV 色彩空間的影像處理系統

A.　HSV 色彩空間

　　HSV 色彩空間是由色相(Hue)、彩度(Saturation)以及明度(Value)的三個量所組成。HSV 色彩空間中，也有明度(Brightness/Lightness/Intensity)的頭文字來稱 HSB 色彩空間、HSL 色彩空間、HIS 色彩空間。在此使用 HSV 色彩空間的名稱，來描述它的定義。

　　HSV 色彩空間用到的紅色(R)、綠色(G)、藍色(B)3 原色的值是在範圍[0, 1]。這些以 3 原色表現的所有色彩，利用色相 H、彩度 S 以及明度 V 來表示。

　　首先，3 原色的最大值與最小值如下列所示

$$V_{max} = \text{Max}(R,\ G,\ B)$$
$$V_{min} = \text{Min}(R,\ G,\ B)$$

$$(4.57)$$

色相 H、彩度 S 以及明度 V 如下所定義。

$$H = \begin{cases} \dfrac{\pi}{3} \times \dfrac{G-B}{V_{max}-V_{min}}; & \text{if } V_{max} = R \\[2mm] \dfrac{\pi}{3} \times \dfrac{B-R}{V_{max}-V_{min}} + \dfrac{2\pi}{3}; & \text{if } V_{max} = G \\[2mm] \dfrac{\pi}{3} \times \dfrac{R-G}{V_{max}-V_{min}} + \dfrac{4\pi}{3}; & \text{if } V_{max} = B \end{cases}$$

$$(4.58)$$

$$S = \frac{V_{max}-V_{min}}{V_{max}}$$

$$V = V_{max}$$

　　接著說明關於所定義的色相 H。首先，對於 0 至 2π 的圓，R、G、B（$G=B$）訊號的色相訂為 0、$2\pi/3$、$4\pi/3$。接著，其他色彩的色相，劃分成 3 個群組，分別以 0、$2\pi/3$、$4\pi/3$ 為中心($\pm\pi/3$)的範圍內進行線性地分配。例如，$V_{max}=R$ 的情況下，變成紅色訊號的比例較多之色彩。$G>B$ 時候的色相 H，是介於在 0 至 $\pi/3$ 之間。$G<B$ 時候的色相 H，是介於在 0 至 $-\pi/3$ 之間。$G=B$ 時候的色相 H，則為 0。

　　由上所述可以容易理解到，彩度 S 的值之範圍是在 $[0, 1]$。另外，明度 V 的範圍是 $[0, 1]$，色相 H 的範圍是 $[0, 2\pi]$。

　　色相 H 為負 $(H < 0)$ 的情況，加上 2π 至 H。$V_{max} = V_{min}$ 的情況下，彩度 S 為 $0 (S = 0)$。表示的是無色彩的灰色。$V_{max} = 0$ 的情況，色相 H 與彩度 S 皆不確定，明度 V 變成 $0 (V = 0)$。這是代表黑色。

　　式(4.58)的 RGB $\Rightarrow$ HSV 轉換，被稱為**圓柱模型的 HSV 轉換**[16]。

　　在此逆轉換(HSV $\Rightarrow$ RGB 轉換)中，導入下列的 4 個係數 h，p，q 以及 t。

$$h = \text{floor}\left(\frac{H}{\pi/3}\right)$$
$$p = V \times (1 - S)$$
$$q = V \times \left(1 - S \times \left(\frac{H}{\pi/3} - h\right)\right) \quad\quad (4.59)$$
$$t = V \times \left(1 - S \times \left(1 - \frac{H}{\pi/3} + h\right)\right)$$

　　在這裡，函數 $\text{floor}(x)$，是求出 x 的最大整數之運算。由於色相 H 的範圍是在 $[0, 2\pi]$，對於某顏色所對應到的 h 值，是 0，1，2，3，4，5 其中之一。

　　透過能夠得到的 h 值，RGB 之值可以由下列式子計算出。

$$R = V, \ G = t, \ B = p; \ \text{if} \ h = 0$$
$$R = q, \ G = V, \ B = p; \ \text{if} \ h = 1$$
$$R = p, \ G = V, \ B = t; \ \text{if} \ h = 2$$
$$R = p, \ G = q, \ B = V; \ \text{if} \ h = 3 \quad\quad (4.60)$$
$$R = t, \ G = p, \ B = V; \ \text{if} \ h = 4$$
$$R = V, \ G = p, \ B = q; \ \text{if} \ h = 5$$

　　圖 4.25(a)是透過上列的兩個式子所求出的結果而產生。首先,色相 H 與彩度 S 用極座標表示的 (r, θ),來求出 H 與 S 之值。接著,固定明度 V,並利用求得的色相 H 與彩度 S,由式(5.59)與式(4.60)來計算 RGB 的值。

　　圖 4.25(a)是明度 $V = 78\%$ 的 HSV 之色彩分佈,圖 4.25(b)是利用原柱模型的 HSV 色彩空間的概念圖。

　　式(4.58)的原柱模型之中,彩度 S 的定義變更爲式(4.61),明度 V 與色相 H 的定義皆依照原樣來使用的話,則成爲**六角錐模型**的 HSV 色彩空間(參考文獻 1, pp25-29)。

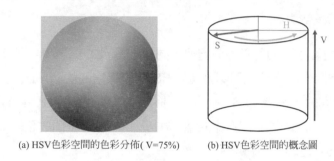

(a) HSV色彩空間的色彩分佈(V=75%)　　(b) HSV色彩空間的概念圖

圖 4.25　原柱模型的 HSV 色彩空間

圖 4.26　使用 HSV 色彩空間的影像處理系統之組成
(虛線框内的處理内容為轉換與其逆轉換)

$$S = V_{max} - V_{min} \tag{4.61}$$

　　式(4.58)的原柱模型之彩度 S,由於是用 V_{max} 來正規化,所有的色相其 S 的分佈範圍變成[0, 1]。原柱模型的色彩分佈,是如同圖 4.25(a)的圓形。但是,上列式子所定義的六角錐模型的彩度 S,沒有用 V_{max} 來正規化,對於色相的分佈範圍也都不同。因此,六角模型的色彩分佈是六角形而非圓形。

原柱模型與六角錐模型之外，也有**雙六角錐模型**（參考文獻 1, pp.25-29）及不同定義的原柱模型（參考文獻 17, pp.64-68）。

B.　在 HSV 色彩空間的色彩之補償方法

圖 4.26 表示的是使用 HSV 色彩空間來進行影像處理的系統組成。為了簡單地說明，用線性的 RGB 訊號當輸出入訊號。關於各色彩空間的互相轉換，伽馬補償，以及逆伽馬處理，請參考圖 4.24。

首先，對於 RGB 的輸入訊號，利用式(4.57)以及式(4.58)進行 HSV 轉換。接著，對於轉換後的 HSV 訊號，進行色彩補償。最後，補償處理後的 HSV 訊號轉換成 RGB 訊號後輸出。

在 HSV 色彩空間的色彩補償處理，同樣地於 4.1 節至 4.4 節中所描述到的 YCbCr 色彩空間中的方法也可以進行。HSV 色彩空間的明度訊號 V 是對應於 YCbCr 色彩空間的 Y 訊號。HSV 色彩空間的彩度訊號 S 是跟式(4.4)的的 S 相當。從明度、色相、彩度的觀點來考慮的話，在 YCbCr 色彩空間的色彩補償方法，可以容易地在 HSV 色彩空間利用。

4.6.2　在 L*a*b* 色彩空間的影像處理系統

A.　L*a*b* 色彩空間

2.6.4 節中描述過的 L*a*b* 色彩空間，可以知道是根據均等色彩空間（參考文獻 19 Annex H）。為了方便起見，將定義式重複於下列。

$$L^* = 116 f(Y/Y_n) - 16$$
$$a^* = 500(f(X/X_n) - f(Y/Y_n))$$
$$b^* = 200(f(Y/Y_n) - f(Z/Z_n))$$
(4.62)

在此，X_n, Y_n, Z_n 是完全擴散反射面的 3 刺激值，通常使用將 $Y_n=100$ 標準化後的白色點之色度座標。上列式子的函數 $f(x)$，為了也能夠對應於暗色，如下所定義。

$$f(x) = \begin{cases} x^{1/3} ; & x > 0.008856 \\ 7.787x + 16/116 ; & x \leq 0.008856 \end{cases} \tag{4.63}$$

在此，x 是 X/X_n，Y/Y_n，Z/Z_n。

利用上列的 2 個式子，接著來說明將從 $L^*a^*b^*$ 訊號求出 XYZ 訊號的方法。

首先，從式(4.62)的 L^* 方程式，求出下列的式子。

$$f(Y/Y_n) = (L^* + 16)/116 \tag{4.64}$$

另外以 $x = Y/Y_n$，從式(4.63)以及式(4.64)的 2 個式子，可以得到如下列的 Y/Y_n。

$$Y/Y_n = \begin{cases} ((L^* + 16)/116)^3 ; & f(Y/Y_n) > 0.206893 \\ L^*/903.292 ; & f(Y/Y_n) \leq 0.206893 \end{cases} \tag{4.65}$$

接著，利用式(4.64)的 $f(Y/Y_n)$，求出 X/X_n 和 Z/Z_n。

(1) 透過式(4.62)

$$f(X/X_n) = f(Y/Y_n) + a^*/500 \tag{4.66}$$

由式(4.63)以及式(4.66)，可以求出

$$X/X_n = \begin{cases} (f(Y/Y_n) + a^*/500)^3 ; & f(X/X_n) > 0.206893 \\ (f(Y/Y_n)/7.787 + a^*/3893.5 - 16/903.292 ; & f(X/X_n) \leq 0.206893 \end{cases} \tag{4.67}$$

(2) 相同地，透過式(4.62)可得到

$$f(Z/Z_n) = f(Y/Y_n) - b^*/200 \tag{4.68}$$

由式(4.63)以及式(4.68)，可以求出

$$Z/Z_n = \begin{cases} (f(Y/Y_n)-b^*/200)^3 \; ; & f(Z/Z_n) > 0.206893 \\ (f(Y/Y_n)/7.787 - b^*/1557.4 - 16/903.292 \; ; & f(Z/Z_n) \le 0.206893 \end{cases}$$

(4.69)

最後，將所得到的 X/X_n, Y/Y_n, Z/Z_n 分別乘上 X_n, Y_n, Z_n，得出 X, Y, Z。

圖 4.27 所表示是在 L*a*b* 空間的色彩之分佈。圖 4.27(a)是將 $L^*=50\%$ 固定，a^*b^* 以[−100,100] 的範圍來變化而做成之色彩圖樣。製作方法是將 L*a*b* 資料使用式(4.67)、式(4.65)以及式(4.69)轉換爲 X/X_n, Y/Y_n, Z/Z_n。D65 的白色點是 $X_n=95.05$, $Y_n=100.00$, $Z_n=108.91$的緣故，使用 XYZ⇒RGB 轉換：式(3.56)得到的 XYZ 再轉換至對應之 RGB 後，變成如圖 4.27(a)這樣。但是，負值和值大於 1 的 RGB，捨棄爲[0, 1]之範圍。

圖 4.27(b)表示的是 sRGB 色域的色彩在 L*a*b* 色彩空間的分佈。接著，值域 [0, 1]之間的 RGB 值，用式(3.61)轉換至 XYZ。另外，使用式(4.62)得到的 XYZ 轉換爲 L*a*b* 後，可以生成圖 4.27(b)。

B. 在 L*a*b* 色彩空間的色彩補償方法

在此來說明在 L*a*b* 色彩空間的明度、色相、彩度的定義

(1) 明度是 L*a*b* 色彩空間的 L* 直接使用，色相則如下列式子所定義。

$$\theta = \tan^{-1}\left(\frac{b^*}{a^*}\right)$$

(6.70)

和圖 4.27(a)比較後，色相 θ 從 0° 變化至 360° 的情況下，可以知道顏色變化是從紅→綠→藍的順序。

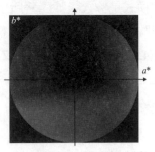
(a) a*b*座標系的色彩分佈 (L*固定)

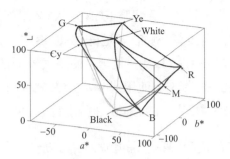
(b) 在L*a*b*色彩空間的sRGB色彩分佈

圖 4.27　在 L*a*b* 色彩空間的色彩分佈

(2)　彩度如同下列的式子所定義

$$S = \sqrt{a^{*2} + b^{*2}} \tag{6.71}$$

和圖 4.27(a)比較後，彩度 S 是從圓的中心開始向外，色彩變化是由平淡轉變成鮮豔。

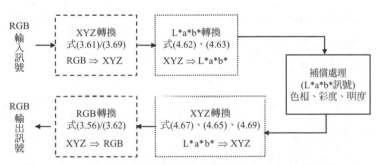

圖 4.28　在 L*a*b* 色彩空間的影像處理系統之組成
（相同的線框代表成對的轉換與逆轉換）

用圖 4.28 來說明一下 L*a*b* 色彩空間的明度、色相、彩度的補償處理方法。

為了簡化說明，輸出入訊號是利用線性的 RGB。另外，關於各色彩空間的相互轉換、伽馬補償、以及逆伽馬處理，請參考圖 4.24 的關連圖方塊。

　　首先，轉換輸入訊號 RGB 至 XYZ 訊號。轉換式是輸入訊號隨著所依據的標準不同而有差異。例如，若是符合 sRGB 標準的訊號用式(3.61)，若是符合 bg-sRGB 標準的訊號用式(3.69)。接著，使用式(4.62)及式(4.63)，將所得到的 XYZ 訊號轉換至 L*a*b*。另外，使用式(4.70)以及式(4.71)在 L*a*b* 空間進行色彩補償處理。最後，將補償處理後的 L*a*b* 訊號進行 L*a*b* $\Rightarrow$ XYZ $\Rightarrow$ RGB 轉換然後輸出。

　　在 L*a*b* 色彩空間的色彩之補償處理，自 4.1 節到 4.4 節所描述過的 YCbCr 色彩空間，以及 4.5 節的 HSV 色彩空間，可用相同的方法來進行。L*a*b* 色彩空間的明度訊號 L*，和 YCbCr 色彩空間的 Y 訊號，HSV 色彩空間的 V 訊號對應。L*a*b* 色彩空間的色相訊號，即式(4.70)的 θ 訊號，這與 YCbCr 色彩空間中的式(4.3)以及式(4.14)的 θ，HSV 色彩空間的色相訊號 H 相當。L*a*b* 彩空間的彩度訊號，和 YCbCr 色彩空間的式(4.4)之 S，HSV 色彩空間的彩度訊號 S 相當。色彩空間雖然不同，因為明度、色相、彩度的考量方式相同的關係，YCbCr 色彩空間以及 HSV 色彩空間的色彩補償方法，可依照原本沿用於 L*a*b* 色彩空間。

　　使用如 bg-sRGB 的標準，在 L*a*b* 色彩空間中可以表現出更廣色域的色彩。由於比起 YCbCr 色彩空間和 HSV 色彩空間計算量較大，透過硬體和軟體來實現的情況下，成本會較為高。

參考文獻

(1) Keith Jack：Video Demystified, A Handbook for Digital Engineer, Third Edition, LLH Technology Publishing, 2001

(2) 池田光男：色彩工程的基礎，朝倉書店，2003

(3) 張小忙，夏普股份有限公司，專利號碼 2006-237798，"人體膚色影像補償裝置及其方法"

(4) 齋藤修治，張小忙，夏普股份有限公司，專利號碼 2009-105632，"膚色補償影像處理裝置及方法"

(5) 張小忙，上野雅史，宮田英利，夏普股份有限公司，專利申請號碼 2011-010178，"影像補償裝置，影像補償顯示裝置，影像補償方法，程式以及記錄媒介"

(6) 張小忙，上野雅史，宮田英利，夏普股份有限公司，專利申請號碼 2011-103528，"影像補償裝置，影像補償顯示裝置，影像補償方法，程式以及記錄媒介"

(7) http://opencv.jp/sample/object_detection.html（目標檢測）

(8) 張小忙，上野雅史，夏普股份有限公司，專利申請號碼 2011-272978，"影像處理裝置，影像處理方法，影像處理程式，以及儲存影像處理程式的記錄媒體"

(9) 張小忙，夏普股份有限公司，專利號碼 2006-229729，"藍色擴張影像處理裝置及藍色擴張影像處理方法"

(10) 近藤尚子，張小忙，上野諭，夏普股份有限公司，專利號碼 2007-228240，"影像處理裝置及影像處理方法"

(11) 近藤尚子，張小忙，上野諭，夏普股份有限公司，專利號碼 2006-304149，"色彩調整方法及裝置"

(12) 近藤尚子，張小忙，上野諭，夏普股份有限公司，專利號碼 2008-099170，"影像處理裝置及影像處理方法"

(13) 和久井孝太郎監修，浮ヶ谷文雄,竹村裕夫他著：電視攝影機的設計技術，CORONA 社，1999

(14) http://ja.wikipedia.org/wiki/マンセル・カラー・システム

(15) http://www.sikiken.co.jp/pccs/

(16) http://ja.wikipedia.org/wiki/HSV 色空間

(17) 奧富正敏編集：數位影像處理，CG-ARTS 協會，2006

(18) 大田登：色彩工程，東京電機大學出版局，第 2 版，2008

(19) International standard, IEC 61966-2-1: 1999, Multimedia systems and equipment-Colour measurement and management-Part 2-1: Colour management- Default RGB colour space-sRGB, Amendment 1, 2003

第五章
數位影像的色彩重現技術

引言

　　網路購物和醫療影像的應用中，需要將拍攝主體的色彩忠實地重現。本章之中，首先介紹作為 RGB 混色法之基準的白色點之表現方法，顯示，以及數位相機中的白平衡的調整技術。之後，介紹不同色域間的影像忠實地重現之色域轉換技術。最後，介紹基於記憶色概念的色域對應(gamut mapping)技術。

5.1　　螢幕的白色點之表現

　　影像顯示裝置的色域，是用 3 原色的色度座標來表現。影像的表現中，不僅只是裝置的色域，白色點也是有相當的重要性。裝置的白色點與規格中的標準白色點配合，得到偏好的觀賞效果，為了這些，必須要調整白色點。另外，白色點的表現方法，對於要瞭解本章內容來說，非常重要的基本知識。在此，先描述白色點的表現方法。

5.1.1　　固有白色點的表現

　　僅靠影像裝置與 3 原色訊號 RGB 是無法決定色度座標，為了決定色度座標，必須要有白色點的資訊。如同第 3 章所描述的，從表 3.1 的色域和白色點的資訊，可以透過式(3.8)來決定 CIE 1931 XYZ 的值。

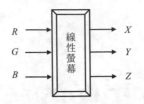

圖 5.1　螢幕固有白色點的表現方法

式(3.8)因為是在表 3.1 的白色點之下成立，此白色點用 W_1 來表示，將式(3.8)如下列進行改寫。

$$\begin{pmatrix} X \\ Y \\ Z \end{pmatrix}_{W_1} = \begin{pmatrix} X_R & X_G & X_B \\ Y_R & Y_G & Y_B \\ Z_R & Z_G & Z_B \end{pmatrix}_{W_1} \begin{pmatrix} R \\ G \\ B \end{pmatrix} \tag{5.1}$$

在此，下標的 W_1 是表示白色點 1。

接下來，對於 3 原刺激的色度座標及螢幕特性的表示，導入重要的固有白色點之概念。固有白色點是 3 原色 RGB 的值 $R = G = B = 1$ 的時候，螢幕能夠顯示的色度座標 $(x_{W_1}, y_{W_1}, z_{W_1})$。這是會受到螢幕的製造過程與背光影響。在此，固有白色點以白色點 W_1 表示，該 RGB $\Rightarrow$ XYZ 轉換用式(5.1)來表示。

圖 5.1 表示的是螢幕的固有白色點之表現方法。在此為了簡化而使用線性的部分。

式(5.1)對應到圖 5.1 的系統組成。通常，式(5.1)中為了將此輝度值正規化，固有白色點的輝度值為 $Y = 1.0$。也就是說，$R = G = B = 1$ 的時候，下列的關係式成立。

$$Y_{W_1} = 1 \ ; \ R = G = B = 1 \tag{5.2}$$

以上的式子，在後續所描述之指定白色點的表現方法中，比較的時候會用到。

另外，需注意固有白色點的輝度值，是螢幕能夠顯示之最大輝度。

5.1.2　指定白色點的表現方法

　　第 3 章描述過的電視等等影像設備的相關標準中，因爲已經有定義白色點，螢幕的固有白色點則原封不動地沿用。在此僅對白色點做改變，由 3 原色 RGB 訊號試求出 CIE 1931 XYZ 訊號。白色點的改變可以透過全爲 1 的 RGB 訊號，只需要代入白色點的色度座標即可實現。此運算是將 3 原色 RGB 乘上係數。而這個的處理內容結合式(5.1)所得到之 XYZ 值，就是新的白色點 W_2 之含意。乘上 3 原色 RGB 係數爲 (K_R, K_G, K_B) 時候，以新的白色點，從 RGB 轉換至 XYZ 如下所示。

$$\begin{pmatrix} X \\ Y \\ Z \end{pmatrix}_{W_2} = \begin{pmatrix} X_R & X_G & X_B \\ Y_R & Y_G & Y_B \\ Z_R & Z_G & Z_B \end{pmatrix}_{W_2} \begin{pmatrix} K_R & 0 & 0 \\ 0 & K_G & 0 \\ 0 & 0 & K_B \end{pmatrix} \begin{pmatrix} R \\ G \\ B \end{pmatrix} \tag{5.3}$$

　　爲了決定上列式子的 (K_R, K_G, K_B)，新的白色點 W_2 的色度座標用 $(x_{W_2}, y_{W_2}, z_{W_2})$ 的話，而 3 原色 RGB 爲 $\begin{pmatrix} R \\ G \\ B \end{pmatrix} = \begin{pmatrix} 1.0 \\ 1.0 \\ 1.0 \end{pmatrix}$ 之時，式(5.3)的輸出會變成新的白色點的色度座標。但是，如同式(3.14)以輝度 Y 訊號進行正規化，白色點的 XYZ 值成爲 $\begin{pmatrix} X \\ Y \\ Z \end{pmatrix}_{W_2} = \begin{pmatrix} \dfrac{x_{W_2}}{y_{W_2}} \\ 1.0 \\ \dfrac{z_{W_2}}{y_{W_2}} \end{pmatrix}$。將這些值代入式(5.3)後，$(K_R, K_G, K_B)$ 可以如下所求得。

$$\begin{pmatrix} K_R \\ K_G \\ K_B \end{pmatrix} = \begin{pmatrix} X_R & X_G & X_B \\ Y_R & Y_G & Y_B \\ Z_R & Z_G & Z_B \end{pmatrix}_{W_1}^{-1} \begin{pmatrix} \dfrac{x_{W_2}}{y_{W_2}} \\ 1.0 \\ \dfrac{z_{W_2}}{y_{W_2}} \end{pmatrix} \tag{5.4}$$

從上列的式子所求出的係數代入到式(5.3)後，對於白色點 W_2 之 3 原色 RGB 至 XYZ 的轉換矩陣如下所表示

$$
\begin{pmatrix} X_R & X_G & X_B \\ Y_R & Y_G & Y_B \\ Z_R & Z_G & Z_B \end{pmatrix}_{W_2} = \begin{pmatrix} X_R & X_G & X_B \\ Y_R & Y_G & Y_B \\ Z_R & Z_G & Z_B \end{pmatrix}_{W_1} \begin{pmatrix} K_R & 0 & 0 \\ 0 & K_G & 0 \\ 0 & 0 & K_B \end{pmatrix} \tag{5.5}
$$

使用上列式子的矩陣，於白色點 W_2 之下，3 原色 RGB 至 CIE 1931 XYZ 的轉換處理如下所示。

$$
\begin{pmatrix} X \\ Y \\ Z \end{pmatrix}_{W_2} = \begin{pmatrix} X_R & X_G & X_B \\ Y_R & Y_G & Y_B \\ Z_R & Z_G & Z_B \end{pmatrix}_{W_2} \begin{pmatrix} R \\ G \\ B \end{pmatrix} \tag{5.6}
$$

直至目前為止已提到過 CIE 1931 XYZ 是與裝置無關的表色系，在此，為何於式(5.1)和式(5.3)的 XYZ 之下帶有 (W_1, W_2) 標記之區別，接著將做說明。XYZ 是和裝置無關的表色系，這是指對於 XYZ 色彩空間。一般來說，RGB $\Rightarrow$ XYZ 轉換式是表示對於該 3 原色（做為基準的色域）與白色點，色彩的重現能力。求 RGB $\Rightarrow$ XYZ 轉換式的時候，必須要以各個白色點的輝度值，對 XYZ 訊號進行正規化。裝置之中，因為有各種的色域、白色點的 RGB $\Rightarrow$ XYZ 轉換式，為了避免混淆則以各自的條件來註記於轉換式。

圖 5.2 表示的是螢幕的指定白色點之表現方法。這個系統在圖 5.1 中，在固有白色點的系統之 RGB 的各訊號，加入係數的乘法元素所組成，式(5.6)是對應於圖 5.2 的系統組成。如同由式(5.4)所得知，式(5.6)是以指定白色點的輝度值進行正規化所求得的。也就是說，$R = G = B = 1$ 的時候，接下來的關係成立。

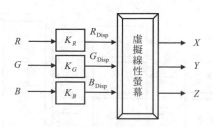

圖 5.2　螢幕的指定白色點的表現方法

$$Y_{W_2} = 1 \ ; \ R = G = B = 1 \tag{5.7}$$

將此式與式(5.2)比較後，輝度值一樣為 1，因為是以各別的白色點之輝度值來正規化的關係，2 個式子的輝度含意是不同的。

對於圖 5.1 固有白色點的輝度值：$Y_{W_1} = 1$ 表示於式(5.1)，此值為螢幕能夠顯示的最大輝度。其它的指定白色點的輝度，因為比固有白色點的輝度更低，式(5.3) 所表示的 RGB $\Rightarrow$ XYZ 轉換式之 RGB 訊號乘上係數，求出指定 RGB $\Rightarrow$ XYZ。以此運算，指定白色點的輝度值，因為小於 1 的輝度值都改為 1，則 K_R，K_G，K_B 係數中存在有大於 1 的值。

因此，在螢幕的輸入訊號 R_{Disp}，G_{Disp}，B_{Disp} 之中，出現大於 1 的值。而螢幕的有效輸入值範圍是介於 0 至 1 的關係，無法對應到大於 1 的輸入值。圖 5.2 是能夠對應大於 1 的輸入訊號之「虛擬」螢幕，該輸入訊號表示如下。

$$\begin{pmatrix} R \\ G \\ B \end{pmatrix}_{\text{Disp}} = \begin{pmatrix} K_R & 0 & 0 \\ 0 & K_G & 0 \\ 0 & 0 & K_B \end{pmatrix} \begin{pmatrix} R \\ G \\ B \end{pmatrix} \tag{5.8}$$

5.1.3　指定白色點的實現方法

圖 5.2 雖表示螢幕的指定白色點的表現方法，而至螢幕的輸入訊號的值有超過 1，所以這是無法實現的。因為原始的輸入訊號 RGB 的範圍是 0 至 1，將 RGB 的各訊號乘上的係數訂為小於 1 的話，就可以解決此問題。在此來描述這個方法。

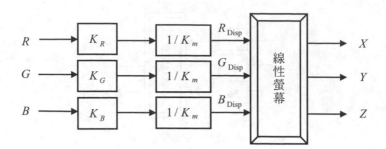

圖 5.3　螢幕的指定白色點的實現方法

式(5.4)的係數：K_R，K_G，K_B 之中求出最大值 K_m。

$$K_m = \max(K_R ,\ K_G ,\ K_B) \tag{5.9}$$

以此係數當作乘上 K_R，K_G，K_B 之係數，增加到圖 5.2 後，螢幕的指定白色點能夠如圖 5.3 實現。圖 5.3 的整體可被視為廣義的螢幕，該白色點則是指定白色點。

在此 K_R，K_G，K_B 是指定白色點的調整用係數，注意式(3.17)的 S_R，S_G，S_B 是與固有白色點有關的係數。係數 S_R，S_G，S_B 是用在求式(5.1)的 RGB $\Rightarrow$ XYZ 轉換的時候，這些係數埋在圖 5.1 中，表示螢幕的色彩重現之固有特性。

此情況之下至螢幕的輸入訊號如下表示。

$$\begin{pmatrix} R \\ G \\ B \end{pmatrix}_{Disp} = \begin{pmatrix} K_r & 0 & 0 \\ 0 & K_g & 0 \\ 0 & 0 & K_b \end{pmatrix} \begin{pmatrix} R \\ G \\ B \end{pmatrix} \tag{5.10}$$

在此，係數 K_r，K_g，K_b 可以用下列式子求得

$$\begin{pmatrix} K_r \\ K_g \\ K_b \end{pmatrix} = \begin{pmatrix} K_R \\ K_G \\ K_B \end{pmatrix} \left(\frac{1}{K_m} \right) \tag{5.11}$$

由上所述的式子，圖 5.3 的系統是圖 5.2 的系統之 RGB 各輸出訊號，掛上相同之係數處理所得到的關係，基於從圖 5.2 的關係式(5.6)之線性系統的輸出入性質，圖 5.3 的輸出入關係式則如同以下所得。

$$\begin{pmatrix} X \\ Y \\ Z \end{pmatrix}_{\mathrm{Adj}W_2} = \frac{1}{K_m}\begin{pmatrix} X_R & X_G & X_B \\ Y_R & Y_G & Y_B \\ Z_R & Z_G & Z_B \end{pmatrix}_{W_2}\begin{pmatrix} R \\ G \\ B \end{pmatrix} \tag{5.12}$$

上列式子的下標文字 **Adj**，是將輸出 RGB 訊號調整(adjust)至螢幕可以接收的範圍的意思。這是可以實現的指定白色點的 RGB $\Rightarrow$ XYZ 轉換：式(5.12)是固有白色點的 RGB $\Rightarrow$ XYZ 轉換：與式(5.1)具有相同輝度基準的意思。

另外，從式(5.12)、式(5.6)以及式(5.7)可求出下列式子。

$$Y_{\mathrm{Adj}W_2} = \frac{1}{K_m} \quad ; \quad R = G = B = 1 \tag{5.13}$$

對於同一個 RGB 輸入訊號，XYZ 的分佈範圍，在圖 5.2 的系統是式(5.6)，圖 5.3 的系統是式(5.12)。在輝度方向差異雖有 K_m 倍，在 xy 色度圖上兩個式子具有共同的分佈。在指定白色點 W_2，調整前後的輝度值具有下列的關係。

$$Y_{\mathrm{Adj}W_2} = \frac{Y_{W_2}}{K_m} \tag{5.14}$$

5.1.4　不同白色點的輝度變化

3 原色的色度座標，裝置的固有白色點的色度座標，以及絕對輝度值是可以根據測量得到的。螢幕的情況下，裝置的固有白色點是 3 原色 RGB 全爲 1 的時候，在所顯示色彩的色度座標，此時輝度是螢幕能夠顯示的最大輝度值。此值與式(3.18) 的 L_C 相當。由式(5.1)，螢幕的顯示能力之表示式如下列，此白色點是固有白色點。

$$\begin{pmatrix} X \\ Y \\ Z \end{pmatrix}_{W_1} = L_{C_1} \begin{pmatrix} X_R & X_G & X_B \\ Y_R & Y_G & Y_B \\ Z_R & Z_G & Z_B \end{pmatrix}_{W_1} \begin{pmatrix} R \\ G \\ B \end{pmatrix} \tag{5.15}$$

在此，$L_{C_1} = l_R + l_G + l_B$，「$(l_R(lm)，l_G(lm)，l_B(lm))$」是基礎刺激為白色時候的 RGB 的 3 原刺激值。

白色點調整是以螢幕的輸入訊號乘上係數來實現。由於實際上所乘的係數是在 1.0 以下，透過白色點調整將螢幕的最大輝度降低。

$$\begin{pmatrix} X \\ Y \\ Z \end{pmatrix}_{AdjW_2} = L_{C_2} \begin{pmatrix} X_R & X_G & X_B \\ Y_R & Y_G & Y_B \\ Z_R & Z_G & Z_B \end{pmatrix}_{W_2} \begin{pmatrix} R \\ G \\ B \end{pmatrix} \tag{5.16}$$

在此 $L_{C_2} = K_r l_R + K_g l_G + K_b l_B$。「$(l_R(lm)，l_G(lm)，l_B(lm))$」是基礎刺激為白色時候的 RGB 的 3 原刺激值，$(K_r，K_g，K_b)$ 是由式(5.11)所求出的係數。

另外，因為式(5.12)是和式(5.1)相同的輝度基準，可以得到下式。

$$L_{C_2} = \frac{L_{C_1}}{K_m} \tag{5.17}$$

5.2　螢幕的白色點的調整技術

螢幕雖是考量到 3 原色的均衡而製做而成的，也具有色溫度的調整範圍等等，不會就直接這樣地使用。一般，為了將色彩正確地重現，需要配合使用標準來調整白色點。在此，舉個實例來描述螢幕的白色點調整的方法。

5.2.1　固有白色點的 RGB ⇔ XYZ 轉換

表 5.1 是某螢幕的色域相關性能表示資料。3 原色的色度座標是和 sRGB 的標準螢幕相同。固有白色點 P 是螢幕上輸入 $R = G = B = 1$ 時候，映射至螢幕之色彩的色度座標。在此介紹表 5.1 的螢幕之白色點調整至 D65 的方法。

首先，求出固有白色點 P 之下輸入訊號 RGB 至 XYZ 的轉換式。這由式(5.1)得到如下。

$$
\begin{pmatrix} X \\ Y \\ Z \end{pmatrix}_P = \begin{pmatrix} X_R & X_G & X_B \\ Y_R & Y_G & Y_B \\ Z_R & Z_G & Z_B \end{pmatrix}_P \begin{pmatrix} R \\ G \\ B \end{pmatrix} \tag{5.18}
$$

在此，下標的文字 P 是表示螢幕的固有白色點。

透過 3.4.1 節所用到的方法求出式(5.8)的矩陣值，從式(3.11)與表 5.1 的 3 原色的色度座標可以得到如下。

$$
\begin{pmatrix} x_R & x_G & x_B \\ y_R & y_G & y_B \\ z_R & z_G & z_B \end{pmatrix} = \begin{pmatrix} 0.640 & 0.300 & 0.150 \\ 0.330 & 0.600 & 0.060 \\ 0.030 & 0.100 & 0.790 \end{pmatrix} \tag{5.19}
$$

表 5.1　螢幕的 3 原刺激與固有白色點的色度座標

色度座標	原色 R	原色 G	原色 B	固有白色點 P	白色點 (D_{65})
x	0.640	0.300	0.150	0.2774	0.3127
y	0.330	0.600	0.060	0.2765	0.3290
$z = 1-x-y$	0.030	0.100	0.790	0.4461	0.3583

接著，將表 5.1 的固有白色點的色度座標代入式(3.14)可以求得以下。

$$
\begin{pmatrix} X_P \\ Y_P \\ Z_P \end{pmatrix} = \begin{pmatrix} 1.0033 \\ 1.0000 \\ 1.6134 \end{pmatrix} \tag{5.20}
$$

更進一步地，將式(5.19)與式(5.20)代入至式(3.17)後能夠得到下列。

$$
\begin{pmatrix} S_R \\ S_G \\ S_B \end{pmatrix} = \begin{pmatrix} 0.5862 \\ 1.1569 \\ 1.8736 \end{pmatrix} \tag{5.21}
$$

最後，這些的式子代入到式(3.11)的話，可以求出下列的轉換式。

$$\begin{pmatrix} X \\ Y \\ Z \end{pmatrix}_P = \begin{pmatrix} 0.3751 & 0.3471 & 0.2810 \\ 0.1934 & 0.6942 & 0.1124 \\ 0.0176 & 0.1157 & 1.4801 \end{pmatrix} \begin{pmatrix} R \\ G \\ B \end{pmatrix} \tag{5.22}$$

對於式(5.21)的係數之意義來進行說明。液晶螢幕的情況下，3 原色 RGB 的色光輸出能力，是透過背光燈的頻譜與彩色濾光片的透光性等等來決定。S_R 比 S_G，S_B 還小的話，色光 R 的發光效率較差，另外濾光片的透光率較差的意思。

式(5.23)是式(5.22)的逆轉換式。某色度座標的 XYZ 資料映射到此螢幕，RGB 的輸入值可以透過下列式子來求出。

$$\begin{pmatrix} R \\ G \\ B \end{pmatrix} = \begin{pmatrix} 3.5627 & -1.6900 & -0.5481 \\ -0.9986 & 1.9328 & 0.0428 \\ 0.0357 & -0.1310 & 0.6788 \end{pmatrix} \begin{pmatrix} X \\ Y \\ Z \end{pmatrix}_P \tag{5.23}$$

5.2.2   D65 白色點的 RGB ⇔ XYZ 轉換

螢幕的固有白色點 P 移動至白色點 W(D65)的操作，是 RGB 訊號分別對係數進行相乘。這個係數可用式(5.4)表示如下列。

$$\begin{pmatrix} K_R \\ K_G \\ K_B \end{pmatrix} = \begin{pmatrix} X_R & X_G & X_B \\ Y_R & Y_G & Y_B \\ Z_R & Z_G & Z_B \end{pmatrix}_P^{-1} \begin{pmatrix} \dfrac{x_w}{y_w} \\ 1.0 \\ \dfrac{z_w}{y_w} \end{pmatrix} \tag{5.24}$$

式(5.23)的矩陣係數為如下。

$$\begin{pmatrix} X_R & X_G & X_B \\ Y_R & Y_G & Y_B \\ Z_R & Z_G & Z_B \end{pmatrix}_P^{-1} = \begin{pmatrix} 3.5627 & -1.6900 & -0.5481 \\ -0.9986 & 1.9328 & 0.0428 \\ 0.0357 & -0.1310 & 0.6788 \end{pmatrix} \tag{5.25}$$

另外，從表 5.1 的白色點 W(D65)的色度座標可以得到下列的式子。

$$\begin{pmatrix} \dfrac{xw}{yw} \\ 1.0 \\ \dfrac{zw}{yw} \end{pmatrix} = \begin{pmatrix} 0.9505 \\ 1.0000 \\ 1.0891 \end{pmatrix} \tag{5.26}$$

將式(5.25)與式(5.26)代入式(5.24)之後,可以求出下列係數。

$$\begin{pmatrix} K_R \\ K_G \\ K_B \end{pmatrix} = \begin{pmatrix} 1.0993 \\ 1.0303 \\ 0.6422 \end{pmatrix} \tag{5.27}$$

這些係數於白色點調整所用到。

另外,參考式(5.5)在白色點 D65 之下,由 RGB 至 XYZ 的轉換矩陣係數如下列式表示。

$$\begin{pmatrix} X_R & X_G & X_B \\ Y_R & Y_G & Y_B \\ Z_R & Z_G & Z_B \end{pmatrix}_{D65} = \begin{pmatrix} X_R & X_G & X_B \\ Y_R & Y_G & Y_B \\ Z_R & Z_G & Z_B \end{pmatrix}_P \begin{pmatrix} K_R & 0 & 0 \\ 0 & K_G & 0 \\ 0 & 0 & K_B \end{pmatrix} \tag{5.28}$$

式(5.22)的矩陣與式(5.27)的係數代入至式(5.28)後,在白色點 D65 之 RGB $\Rightarrow$ XYZ 轉換矩陣可透過以下來求得。

$$\begin{pmatrix} X \\ Y \\ Z \end{pmatrix}_{D65} = \begin{pmatrix} 0.4124 & 0.3576 & 0.1805 \\ 0.2126 & 0.7152 & 0.0722 \\ 0.1933 & 0.1192 & 0.9505 \end{pmatrix} \begin{pmatrix} R \\ G \\ B \end{pmatrix} \tag{5.29}$$

另外,上列式子的逆轉換是以 XYZ RGB 的轉換式而表示如下。

$$\begin{pmatrix} R \\ G \\ B \end{pmatrix} = \begin{pmatrix} 3.2406 & -1.5372 & -0.4986 \\ -0.9689 & 1.8758 & 0.0415 \\ 0.0557 & -0.2040 & 1.0670 \end{pmatrix} \begin{pmatrix} X \\ Y \\ Z \end{pmatrix}_{D65} \tag{5.30}$$

式(5.29)與式(3.61)，式(5.30)與式(3.30)和式(3.56)比較後，可以知道這些是完全相同的式子。這意思是「$RGB \Rightarrow XYZ$ 轉換與固有白色點不相關」。

5.2.3　白色點的調整係數之計算

A. 線性螢幕的白色點之調整方法

在此用 5.1.3 節中描述過的方法，來求線性螢幕的白色點調整係數。首先，由式(5.9)如下列地求出係數 K_R，K_G，K_B 的最大值 K_m。

$$K_m = \max (K_R,\ K_G,\ K_B) = K_R = 1.0993 \tag{5.31}$$

接著，由式(5.11)來求出係數 K_r，K_g，K_b。

$$\begin{pmatrix} K_r \\ K_g \\ K_b \end{pmatrix} = \begin{pmatrix} 1.0000 \\ 0.9372 \\ 0.5842 \end{pmatrix} \tag{5.32}$$

最後，上列式子的係數代入式(5.10)後，螢幕的輸入訊號可透過如下得到。

$$\begin{pmatrix} R \\ G \\ B \end{pmatrix}_{Disp} = \begin{pmatrix} 1.0000 & 0 & 0 \\ 0 & 0.9372 & 0 \\ 0 & 0 & 0.5842 \end{pmatrix} \begin{pmatrix} R \\ G \\ B \end{pmatrix} \tag{5.33}$$

以上的式子用圖來表示，就像是圖 5.3 的「線性螢幕的白色點的實現方法」。螢幕的輸入訊號中因為沒有大於 1 的訊號，這個方法是可以被實現的。

使用這個實現方法在白色點調整上，透過式(5.12) $RGB \Rightarrow XYZ$ 轉換如下所示。

$$\begin{pmatrix} X \\ Y \\ Z \end{pmatrix}_{AdjD65} = \frac{1}{1.0993} \begin{pmatrix} 0.4124 & 0.3576 & 0.1805 \\ 0.2126 & 0.7152 & 0.0722 \\ 0.1933 & 0.1192 & 0.9505 \end{pmatrix} \begin{pmatrix} R \\ G \\ B \end{pmatrix} \tag{5.34}$$

B. 非線性螢幕的白色點的調整方法

　　式(5.32)的係數是針對線性螢幕所求得的，不能直接沿用至非線性螢幕。通常，考慮到螢幕的伽馬特性，傳送至螢幕的輸入訊號是伽馬補償後的非線性訊號。在輸入端經過一次的逆伽馬處理後，以線性 RGB 訊號雖可以進行白色點調整，處理內容增加的關係，產品成本也會提高。另外，液晶螢幕有 S 曲線之非線性特性與 RGB 均衡的關係，與其建立 RGB 獨立的表格，可以考慮這些的特性補償與白色點調整一起進行。

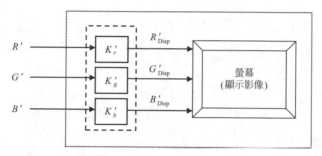

圖 5.4　螢幕的白色點調整的方法
（白色點調整：虛線框，廣義螢幕：點線框）

　　在此，探討對於伽馬補償後的非線性 RGB 訊號，其白色點的調整方法。圖 5.4 表示的是非線性螢幕的白色點調整的方法。對於非線性的輸入訊號 RGB 乘上各別的係數，而變為輸入至螢幕的內容。

　　在此考量到標準螢幕（伽馬值為 2.2）執行式(5.34)的伽馬補償後，能夠將該色彩正確地重現。

$$R' = R^{\frac{1}{2.2}}$$
$$G' = G^{\frac{1}{2.2}} \tag{5.35}$$
$$B' = B^{\frac{1}{2.2}}$$

式(5.32)以伽馬值 2.2 補償後可得到，

$$
\begin{pmatrix} K'_r \\ K'_g \\ K'_b \end{pmatrix} = \begin{pmatrix} K_r^{\frac{1}{2.2}} \\ K_g^{\frac{1}{2.2}} \\ K_b^{\frac{1}{2.2}} \end{pmatrix} = \begin{pmatrix} 1.0000 \\ 0.9725 \\ 0.7826 \end{pmatrix} \tag{5.36}
$$

螢幕的輸入則如下所示。

$$
\begin{aligned}
R'_{\text{Disp}} &= K'_r R' \\
G'_{\text{Disp}} &= K'_g G' \\
B'_{\text{Disp}} &= K'_b B'
\end{aligned} \tag{5.37}
$$

螢幕對於上列的式子之輸入訊號，根據螢幕的伽馬特性相消之後的結果，產生下列式子的線性訊號。

$$
\begin{aligned}
R_{\text{Disp}} &= K_r R \\
G_{\text{Disp}} &= K_g G \\
B_{\text{Disp}} &= K_b B
\end{aligned} \tag{5.38}
$$

在此，上列式子的 R_{Disp}，G_{Disp}，B_{Disp} 訊號的 RGB $\Rightarrow$ XYZ 轉換式與式(5.12)相同。

相容於某標準（例如，sRGB）的輸入訊號端來看，白色點的調整處理被視為螢幕的一部分。圖 5.4 的點線所包圍的部分是配合標準進行白色點調整後之廣義螢幕。為了和此廣義螢幕區分，不包含白色點的調整處理之原本的螢幕有被稱為固定白色點的螢幕、直接的螢幕、無修飾的螢幕等等。

5.2.4　白色點的調整效果

　　圖 5.5 表示爲白色點調整前後顯示於螢幕的影像。圖 5.5(a)是白色點調整前的重現影像。沒有白色點的調整直接顯示於直接的螢幕影像，整體看起來藍藍的。另外，圖 5.5(b)是白色點調整符合於 D65 後重現影像。可以看出灰色等等的無色彩部分，被正確地重現。

(a) 白色點調整前　　　　　　(b) 白色點調整後

圖 5.5　白色點的調整例子

　　如同與章節 4.1.2 中描述過的色相補償技術比較後所知道的，色相的補償處理是僅在帶有色彩部分的色相有改所變，對於白色沒有影響，關於白色點的調整與其說是改變白色點，不如說是改變所有的色調。

5.2.5　白色點調整前後的色域變化

　　圖 5.6 是爲了考量在 xyY 色彩空間白色點調整前後的色彩空間的變化而畫出來的。綠色是固有白色點的 RGB ⇒ XYZ 轉換：是基於式(5.29)。式(5.22)與式(5.29)，在各自的白色點將輝度 Y 進行正規化，因爲在輝度 Y 的基準各不相同，雖無法單純地進行比較，2 個分佈觀察比較後，可以看到透過白色點調整的變化。

(1)　xy 色度圖面的分佈是相同。

(2)　在純色 RGB（3 原色）附近，比較固有白色點分佈的輝度，D65 白色點的分佈之輝度有大有小。

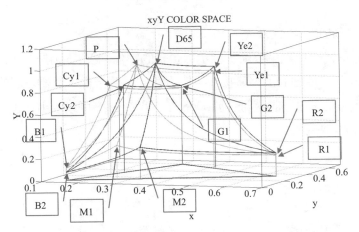

圖 5.6　固有白色點（綠色）與 D65（藍色）的 xyY 分佈的比較
（下標的 1 是在固有白色點的各顏色，2 是在 D65 的各顏色）

　　在求出 RGB ⇒ XYZ 轉換的時候，D65 的白色點的調整是透過式(5.27)的係數 K_R，K_G，K_B 乘上輸入的 RGB 來進行。這在圖 5.6 很清楚地表示。

　　由 $K_R = 1.0993$，$K_G = 1.0303$，關於原色的 R 與 G，可以知道 D65 白色點的 Y 比固有白色點的 Y 還高出一些。但是在原色 B，由於 $K_B = 0.6422$ 比 1 還小了一些，D65 白色點的 Y 比固有白色點的 Y 還來得低。

　　3 原色的色度座標是相同的話，與該固有白色點無關，對於相同白色點不同螢幕的 RGB ⇒ XYZ 轉換式爲相同，RGB ⇒ XYZ 轉換式不受到固有白色點的色度座標之影響。

　　接下來，來探討固有白色點的色度座標對於螢幕的性能，會有多少的影響。對於被指定的白色點（例如 D65），這樣的調整如同圖 5.2 所表示的，透過 RGB 訊號乘上各自的係數來實現。這個係數因爲是透過式(5.24)來求出的，與固有白色點的 RGB ⇒ XYZ 轉換矩陣係數相關。因此，固有白色點的資訊是受到指定白色點的調整係數影響。

3 原色的色度座標是相同的話，對於相同的白色點，螢幕的 RGB ⇒ XYZ 轉換式都是相同的。但是，固有白色點不一樣的話，指定白色點的調整係數也會不一樣。

5.2.6　因白色點調整的輝度的降低

以圖 5.6 的白色點 D65 為基準的 xyY 分佈，因為是利用正規化後的關係，固有白色點的 xyY 分佈無法單純地進行比較。圖 5.7 的固有白色點的 xyY 分佈（綠色）是與圖 5.6 相同的轉換式(5.22)所繪出的圖，D65 白色點的 xyY 分佈（淡藍色）與圖 5.6 不同，是由式(5.34)所繪出的圖。

(1) 比較起固有白色點的分佈，D65 白色點的輝度 Y 並非所有都減少，也有些部分沒有變化。式(5.34)與式(3.22)中代入 $R = 1.0$ ，$G = B = 0.0$ 之後，可以確定從 2 個式子可以得到相同輝度 Y。

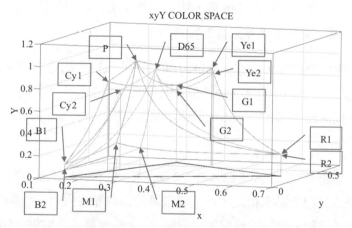

圖 5.7　固有白色點（綠色）與 D65（淡藍色）的 xyY 分佈的比較

(2) D65 白色點的 xyY 分佈的最大輝度值，位於 D65 的 xy 色度座標，該值為 $1/K_m = 1/1.0993$。另外，在 D65 的 xy 色度座標，固有白色點的 xyY 分佈上的最大輝度值也是 $1/K_m = 1/1.0993$，兩者為一致。

(3) 白色點的 xyY 存在於固有白色點的 xyY 分佈中。

(4) **白色點調整犧牲了螢幕的輝度**。對於式(5.32)的調整係數 $K_r = 1.0000$，$K_g = 0.9372$，$K_b = 0.5842$，D65 的白色點調整的時候，原色 B 與 G 輝度的犧牲，對於圖 5.7 中 D65 的 P 點之輝度值為 1，可以知道 D65 點的輝度值降低為 $1/1.0993$。

5.3　螢幕的色溫度調整技術

至目前為止介紹過了螢幕的白色點調整到指定白色點（通常是標準白色點 D65）的調整方法。但是，對於電視等等的影像設備來說，並不限於將標準白色點固定於白色，需要設計夠根據觀眾的嗜好選擇欣賞影像的白色點功能。

如同章節 1.3.13 所描述過的，色溫度從 1000 K 的低色溫度至 3000 K 的高色溫度之順序，紅、黃、白、藍來改變，能夠以色溫度表示的色彩，僅在黑體輻射的軌跡上。（參考文獻 1；參考文獻 2, pp.82-85）

朝陽和夕陽的色溫度大約在 2000 K，大晴天的天空大約是 20000 K。因為晴天的陽光的色溫度約為 6500 K，D65 標準光原是參考這陽光所製作而成的。D65 標準光源的色度座標(0.3127, 0.3290)是稍微偏離黑體輻射的軌跡。D65 的相關色溫度為 6504 K。

在色溫度調整會使用到 5.1 節以及 5.2 節所描述過的白色點調整方法，目標色溫度的色度座標以白色點來指定，為了將螢幕的白色點從固有白色點調整至指定白色點，而求其係數。此係數被處理成不超過 1，乘上輸入訊號的 RGB 後，能夠進行色溫度的調整。

圖 5.8 表示的是色溫度 10000 K、6500 K 以及 2000 K 的調整效果。圖 5.8(a) 是將色溫度 10000 K 之色度座標(0.2807, 0.2884)作為白色點的調整結果，包括白色的部分影像整體看起來偏藍色。圖 5.8(c)是色溫度 2500 K 的色度座標(0.4770, 0.4137)作為白色點的調整結果，包括白色的部分影像偏向紅色。圖 5.8(b)是以標

準色溫度 D65 作為白色點的調整結果，白色看起來如同普通的白。另外，圖 5.8(d)
的影像中白色的部分看起來是綠色的，相當地偏離了黑體輻射軌跡。如前所述，
由於黑體輻射軌跡上沒有的顏色不稱為色溫度，圖 5.8(d)不是透過於色溫度調整。

(a) 色溫度10000K　　　　　　　　　　(b) 色溫度D65

(c) 色溫度2500K　　　　　　　　　　(d) 非色溫度調整的效果

圖 5.8　色溫度的調整例子

接著來描述關於調整色溫度的時候，儘量不要犧牲到螢幕的輝度之方法。圖
5.9 表示的是固有白色點的 xyY 分佈範圍。輝度的峰值是螢幕的固有白色點 P 的
位置。固有白色點 P 的色度座標(0.2774, 0.2765)的相關色溫度是 10000K 以上。即
使原封不動地使用固有白色點於螢幕，會有相當高的色溫度之顯示效果。輸出低
的色溫度，只要將原色 B 的增益降低即可。原色 B 降低至 0 的時候，因為僅剩 G
和 R 的成分，此顏色變成了黃色 Ye。

從以上來看，僅將原色 B 做變化之下，很明顯地白色點從偏藍色改變至黃色
（圖 5.6 的藍線）。輝度的分佈是根據色溫度而變化，因為原色 B 貢獻於輝度的比
例，是在 3 原色之中最小的，透過降低原色 B 可以達到抑制輝度的降低。

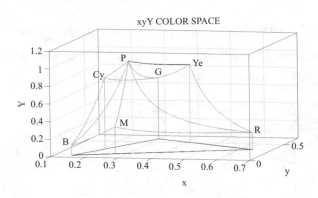

圖 5.9　固有白色點 xyY 分佈（綠色）與簡易色溫度調整的軌跡（藍色）之關係

舉例來說，在 sRGB 標準色彩空間之 RGB ⇒ XYZ 轉換，由式(3.61)可以得到輝度訊號的式子。

$$Y = 0.2126R + 0.7152G + 0.0722B$$

透過此式子，可以知道在 3 原色之中原色 B 在輝度 Y 所佔的比例最小。但是需注意，這樣的色溫度調整在相關色溫度（參考文獻 3, pp.72-74）之下所進行。

5.4　數位相機的白平衡補償技術

自動白平衡 **AWB**(Auto White Balance)**技術**是自動曝光 AE(Auto Exposure)技術與自動對焦 AF(Auto Focus)技術被同樣稱爲數位相機的核心技術。AWB 技術（參考文獻 1, pp555-562、參考文獻 2）是訣竅的匯集，雖然隨著不同的廠牌而實現的手法也不一樣，原理上是相同的。在此，爲了更深度瞭解螢幕的白色點調整，將介紹白平衡的原理以及典型的實現方法。

5.4.1　白平衡的原理

拍攝照片的時候，受到環境光線的影響，常有白色白到看不見的情況。白平衡和螢幕的色溫度調整技術不同，去除環境光線的影響，是爲了將白色正確地顯示之影像訊號的補償技術。底片相機的情況下，採用的手法是利用光學濾鏡等等來排除環境光線的影響。但是，因爲數位相機的影像是電子訊號與數位之量來表示的關係，可以用電路運算與資料運算來實現白平衡。

　　圖 5.10 表示白平衡的原理。白平衡調整是透過將 RGB 訊號乘上增益來實現。進行增益調整的部分有圖 5.10(a)與圖 5.10(b)的 2 個實現手法。圖 5.10(a)是在線性 RGB，圖 5.10(b)是在伽馬補償後的非線性 RGB，表示進行增益調整之訊號處理的組成。在此，為了明確地說明白平衡，攝影裝置的 CCD/CMOS 元件的色域及白色點，假設為 ITU-R BT. 709 及 sRGB 的標準色域和 D65 白色點。另外，伽馬補償使用式(3.31)以及式(3.57)。相機顯示器用的螢幕與攝影裝置具有相同色域和白色點。

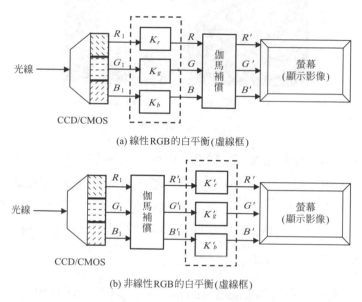

(a) 線性 RGB 的白平衡(虛線框)

(b) 非線性 RGB 的白平衡(虛線框)

圖 5.10　數位相機的白平衡之調整

　　在攝影現場透過手動設定白平衡，透過拍攝白色紙張等等的無色物體，為了將這個拍攝的白色紙張之資料變成白色而調整增益。白色紙張的原始影像資料為 $R_1 = R_0$，$G_1 = G_0$，$B_1 = B_0$ 後，為了將這數據變成輝度 $R = G = B = C_0$ 之增益，可以由下列式子求得。

$$K_r = \frac{C_0}{R_0} \ , \ K_g = \frac{C_0}{G_0} \ , \ K_b = \frac{C_0}{B_0} \tag{5.39}$$

　　在此，C_0 是表示白色影像的輝度。

5.4.2   白平衡的實現方法

圖 5.11 表示白平衡補償的例子。圖 5.11(a)是沒有白平衡補償的拍攝影像，圖 5.11(b)是經過白平衡補償的影像。環境光線的色溫度降低，沒有補償的影像整體看起來偏紅色。在經過補償的影像中，正確地拍攝出白色和灰色。透過這樣的補償，不僅是白色，各色彩的色調能夠更正確地顯示出來。

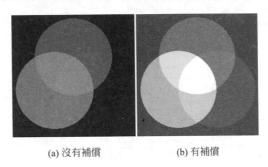

(a) 沒有補償   (b) 有補償

圖 5.11　白平衡補償的例子一

這個白色紙張的原始影像資料為 $R_0 = 0.96$、$G_0 = 0.27$、$B_0 = 0.05$。考量到雜訊的問題，一般 R_0, G_0, B_0 並非 1 個像素的值，而是使用各色訊號的平均值。白色的輝度值為 $C_0 = 0.99$ 的話（比起全白稍微低一些），可以得到 $K_r = 1.03$、$K_g = 3.67$、$K_b = 19.8$。這些係數透過圖 5.10(a)的組成，執行後在螢幕上所看到的影像，從圖 5.11 的(a)變成為(b)。

圖 5.10(b)表示是乘上伽馬補償後的非線性 RGB 後，而實現白平衡的手法。在此，白色紙張的影像不用線性資料，而使用伽馬補償後的非線性資料 R'_0 G'_0 B'_0。白平衡補償後處理得到 $R' = G' = B' = C'_0$。

C'_0 是伽馬補償後的白色輝度值，圖 5.10(b)的白平衡用的係數，可透過式(5.40)來求出。

$$K'_r = \frac{C'_0}{R'_0} \ , \ \ K'_g = \frac{C'_0}{G'_0} \ , \ \ K'_b = \frac{C'_0}{B'_0} \tag{5.40}$$

將伽馬補償當作為式(3.21)的單純指數函數後，可將式(5.40)改寫為式(5.41)。

伽馬值若爲標準螢幕的 2.2，則 $\alpha = 0.45$。將式(5.41)與式(5.28)比較後可看出，非線性白平衡的係數，是線性白平衡方法的係數的伽馬補償值。

$$K_r^\alpha = \left(\frac{C_0}{R_0}\right)^\alpha \ , \ \ K_g^\alpha = \left(\frac{C_0}{G_0}\right)^\alpha \ , \ \ K_b^\alpha = \left(\frac{C_0}{B_0}\right)^\alpha \tag{5.41}$$

白色值的 C_0 越小，既使不考慮暗部訊號處理，如用以上的伽馬補償的方法也不會產生問題。

但是，式(5.40)所得到的係數，包含如圖 5.10(b)所表示的暗部訊號，適用於所有的訊號。透過這個產生之暗部訊號的變動，對於式(3.31)和式(3.57)的伽馬補償與暗部邊界不一致的畫質可能會造成不好的影響。特別是，係數越偏離 1.0 影響會越大。即使這樣，多數的數位相機仍然採用這個方法。這是因爲對於拍攝後的影像，能夠簡單地進行白平衡補償等等之優點。

舉例來說，對於伽馬補償後的影像資料不經過逆伽馬處理之下，能夠進行白平衡補償。

圖 5.12 是表示其他白平衡的補償例子。圖(a)是沒有經過白平衡補償的影像，圖(b)是經過白平衡補償的影像。環境光線的色溫度較低，沒有補償的影像整體看起來偏向紅色。在經過補償的影像中，正確地表現出綠葉與藍天。

(a) 沒有補償　　　　　　　(b) 有補償

圖 5.12　白平衡的補償例子二

5.4.3　用色度座標白平衡的實現方法

在白平衡調整中伽馬補償的觀點，與 5.1 節、5.2 節中描述到的螢幕的白色點調整不同。螢幕端不是在製作影像資料。因為僅顯示符合接收標準的影像資料，伽馬補償對螢幕本身的伽馬特性（單純指數函數）進行中和。白平衡是影像資料產生的階段中，必須同時抑制某影像資料中的暗部雜訊，進行伽馬補償。

前面所述的方法之外，環境光線的種類（夕陽、螢光燈、白熾燈等等）預先記錄於相機中，對應攝影的情況來選擇環境光線的種類，正確地執行白平衡補償。

在此描述關於該方法。環境光線的色座標為 (x_0, y_0, z_0)。白色的物體在此環境光線下攝影的話，此影像資料的色度座標是 (x_0, y_0, z_0)。此色度座標 (x_0, y_0, z_0) 可視為「螢幕的固有白色點」，利用 5.1 節、5.2 節描述過的白色點調整方法，調整指定白色的色度座標即可。

指定白色點為 D65 的時候，使用第 5 章的開頭所描述過的白色點調整方法，求出式(5.24)的係數。此時，需要攝影裝置的 3 原色色度座標的資訊。

螢幕的白色點調整的情況下，由式(5.24)所得到的係數，因為具有大於 1 的值，所以無法直接地利用。在如同式(5.31)以及式(5.32)的處理中，因為各係數調整至 1 以下而可以使用。相機的白平衡調整的情況下，和螢幕的白色點調整不同，**不受到係數需於 1 以下之限制**。

CCD/CMOS 元件的訊號處理電路中，RGB 各自具有控制訊號強度的增益調整功能；此機制是在攝影的時候，該增益值會自動地變化。白平衡補償係數的處理，當作為 CCD/CMOS 元件的訊號處理電路的增益調整操作之延伸的話，式(5.24)的係數 (K_R, K_G, K_B) 以常數 $K_0 > 0$ 來調整。圖 5.10 所用到的白平衡的補償係數如下所表示。

$$\begin{pmatrix} K_r \\ K_g \\ K_b \end{pmatrix} = K_0 \begin{pmatrix} K_R \\ K_G \\ K_B \end{pmatrix} \tag{5.42}$$

為了決定上列式子的 K_0，對應於白色的 RGB 值（像素的最大值）不要超過 1 為大原則。

以夕陽為例來說明。夕陽是色溫度（2000K 附近）較低，該色度座標 $(x_0, y_0, z_0) = (0.5, 0.4, 0.1)$ 視為「固有白色點」。攝影的時候選擇夕陽為環境光線後，預先所記錄的夕陽係數，因為適用於白平衡補償，能夠正確地將白色顯示出來。圖 5.12 是自然影像的白平衡補償例子。圖(a)是未經過白平衡補償的攝影結果，圖(b)是經過白平衡補償後的結果。透過白平衡的補償，可以看到色調正確地重現出來。

相機的白平衡補償，和螢幕的色溫度調整不同，在補償前後不管絕對輝度值的變化。這個的原因是，RGB 的值是僅反映在拍攝對象的相對明亮度。攝影裝置的 CCD 和 CMOS 感測器，對於光線雖有感度指標，相機的曝光和快門的速度（拍攝元件的電荷累積時間）直接影響到影像的 3 原色 RGB 值的關係，無法僅從影像資料簡單地計算出拍攝對象的絕對輝度值。

在本書中螢幕的情況「白色點調整」與「白色點調和」，數位相機的情況下「白平衡調整和「白平衡補償」雖有所區別，因為本質上是相同的關係，此後這些用語不做區別來使用。

5.5　於色域轉換的色彩重現技術

5.5.1　使用白色點調整技術於不同色域間的色彩重現方法

圖 5.13 中用不同的 3 個色域[*6]sRGB 標準色域、廣色域（比 sRGB 標準色域還廣的色域）以及狹色域（比 sRGB 標準色域還狹窄的色域）來表示。因為 HDTV 和 SDTV 訊號是採用和 sRGB 相同的色域，在此輸入訊號以符合 sRGB 標準為主。

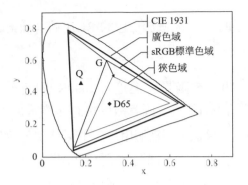

圖 5.13　不同色域間的色彩重現（僅調和白色點的情況）

在不同色域之間的色彩重現，常看到直接輸入影像資料的 RGB 訊號至完成白色點調整的螢幕手法。表示此手法的式子，如下所示

$$\begin{pmatrix} R \\ G \\ B \end{pmatrix}_{\text{Disp}} = \begin{pmatrix} R \\ G \\ B \end{pmatrix}_{\text{sRGB}} \tag{5.43}$$

螢幕的色域和 sRGB 標準色域相同，或者是接近於此的話，影像的色彩幾乎能夠忠實地重現。但是，螢幕的色域於圖 5.13 所表示的狹色域，或者是廣色域這樣越偏離 sRGB 標準色域，**除了白色點 D65 附近的部分之外，色彩整體無法正確地重現**。例如，輸入訊號為純色的綠色訊號 G 的時候，廣色域和狹色域的螢幕上顯示與色度座標相當不同的色彩。

另外，符合 bg-sRGB 標準的訊號之色域，有超過 sRGB 標準色域的情形。這個時候 RGB 值為負值或大於 1 的值。舉例來說，輸入訊號RGB(−0.36，0.84，0.35)代入式(3.69)後，可求得 XYZ 的原色值(0.2151, 0.5495, 0.4259)。這個色度座標 xyz 是(0.1801, 0.4616, 0.3577)，圖 5.10 的 Q(0.1801，0.4616) 之位置。因為 R 訊號是負值的關係，在先前描述過的白色點調整的色彩重現方法，圖 5.13 之中 3 個色域的螢幕的任何一個都無法重現 Q 點的顏色。將負值的 R 訊號箝制於 0，至各螢幕的輸入訊號 RGB 之值變成(0.00, 0.84, 0.35)。特別地，無論廣色域螢幕是否具有 Q 點顏色的重現能力，以白色點調整的色彩重現方法是無法實現的。

　　圖 5.14 是 sRGB 標準色域的輸入影像資料，在廣色域、sRGB 標準色域、狹色域的螢幕上的顯示。由於是相同色域，對應於圖 5.14(b)，sRGB 標準色域的螢幕能夠正確地重現影像。對應於圖 5.14(c)，狹色域的螢幕上能夠表現的色彩範圍較爲狹窄的關係，可看出所顯示的影像色彩較爲淡。對應於圖 5.14(a)，廣色域螢幕上能夠表現的色彩較爲廣的關係，所有的色彩比起實際上還來得鮮豔。看到圖 5.14 結果的時候，不是具有相當廣色域的螢幕的話，無法出現色域上的不同，且即使色域上有相當的差異，第 2 章所描述過 JND（Just Noticeable Difference：不超過 MacAdam 的橢圓的話，人類的肉眼無法察覺色差。參考章節 2.6）的關係，需注意外觀感覺上不會有那麼大的感受。

(a) 廣色域　　　　　(b) sRGB 標準色域　　　　　(c) 狹色域

圖 5.14　不同色域螢幕的顯示效果

　　圖 5.14(a)的色彩雖沒有忠實地被顯示出來，因爲比實物更鮮明地顯示關係，多受到電視和相片領域的喜愛。但是，產品目錄用的照片與皮膚診斷等等之醫療影像的情況中，**要求忠實地重現拍攝主體的色彩**。

5.5.2　　使用色域轉換的色彩重現技術

A.　在色域轉換的色彩重現方法

　　以式(5.43)的方法僅調整白色點，將 sRGB 標準的輸入訊號直接輸入至廣色域的螢幕後，顏色無法正確地重現。爲了解決這個問題，來導入色域轉換方式。

　　為了用符合某標準的訊號在不同色域裝置中正確地顯示，必須要進行色域轉換。3 原色訊號 RGB 至 XYZ 轉換的式子是利用式(5.44)。下標文字 S 是代表訊號標準。

$$\begin{pmatrix} X \\ Y \\ Z \end{pmatrix} = \begin{pmatrix} X_R & X_G & X_B \\ Y_R & Y_G & Y_B \\ Z_R & Z_G & Z_B \end{pmatrix}_S \begin{pmatrix} R \\ G \\ B \end{pmatrix}_S \tag{5.44}$$

螢幕的固有白色點的 RGB ⇒ XYZ 轉換以下表示。

$$\begin{pmatrix} X \\ Y \\ Z \end{pmatrix} = \begin{pmatrix} X_R & X_G & X_B \\ Y_R & Y_G & Y_B \\ Z_R & Z_G & Z_B \end{pmatrix}_P \begin{pmatrix} R \\ G \\ B \end{pmatrix}_P \tag{5.45}$$

此式子的下標文字 P 代表固有白色點的意思。上列式子，與式(5.1)或式(5.18)相當。

　　另外，螢幕上訊號標準和相同白色點，RGB 至 XYZ 轉換的式子是

$$\begin{pmatrix} X \\ Y \\ Z \end{pmatrix} = \begin{pmatrix} X_R & X_G & X_B \\ Y_R & Y_G & Y_B \\ Z_R & Z_G & Z_B \end{pmatrix}_D \begin{pmatrix} R \\ G \\ B \end{pmatrix}_D \tag{5.46}$$

在此，下標文字 D 是調和訊號標準的白色點的意思。也就是說，式(5.46)是和式(5.44)相同的白色點之下將輝度 Y 正規化的。式(5.46)與式(5.6)及式(5.29)是相當的。

　　式(5.44)是符合某標準之 RGB 轉換至 XYZ 的式子，式(5.46)是顯示裝置（虛擬螢幕）的輸入訊號所表示的 XYZ。因為兩式是以共通的白色點將輝度 Y 正規化，並且表色系 XYZ 與裝置不相關，兩個式子可以被視為相同的。因此，式(5.44)的右邊與式(5.46)的右邊相等之後可以得到下列式子。

$$\begin{pmatrix} X_R & X_G & X_B \\ Y_R & Y_G & Y_B \\ Z_R & Z_G & Z_B \end{pmatrix}_D \begin{pmatrix} R \\ G \\ B \end{pmatrix}_D = \begin{pmatrix} X_R & X_G & X_B \\ Y_R & Y_G & Y_B \\ Z_R & Z_G & Z_B \end{pmatrix}_S \begin{pmatrix} R \\ G \\ B \end{pmatrix}_S \tag{5.47}$$

將上列式子變化之後可以求得。

$$\begin{pmatrix} R \\ G \\ B \end{pmatrix}_D = \begin{pmatrix} X_R & X_G & X_B \\ Y_R & Y_G & Y_B \\ Z_R & Z_G & Z_B \end{pmatrix}_D^{-1} \begin{pmatrix} X_R & X_G & X_B \\ Y_R & Y_G & Y_B \\ Z_R & Z_G & Z_B \end{pmatrix}_S \begin{pmatrix} R \\ G \\ B \end{pmatrix}_S \tag{5.48}$$

此式子的意思是，對於符合某規格的 RGB 訊號，由式(5.48)可以求出所對應之顯示裝置的輸入 RGB 訊號。將所求到的輸入 RGB 輸入至裝置後，能夠顯示與符合標準 RGB 訊號相同之顏色 (X, Y, Z)。

式(5.47)稱為色域轉換式，式(5.48)的矩陣係數以 T 來表示。

$$T = \begin{pmatrix} X_R & X_G & X_B \\ Y_R & Y_G & Y_B \\ Z_R & Z_G & Z_B \end{pmatrix}_D^{-1} \begin{pmatrix} X_R & X_G & X_B \\ Y_R & Y_G & Y_B \\ Z_R & Z_G & Z_B \end{pmatrix}_S \tag{5.49}$$

另外，式(5.46)螢幕的RGB$\Rightarrow$XYZ轉換之矩陣，從式(5.5)及式(5.28)如下列所表示。

$$\begin{pmatrix} X_R & X_G & X_B \\ Y_R & Y_G & Y_B \\ Z_R & Z_G & Z_B \end{pmatrix}_D = \begin{pmatrix} X_R & X_G & X_B \\ Y_R & Y_G & Y_B \\ Z_R & Z_G & Z_B \end{pmatrix}_P \begin{pmatrix} K_R & 0 & 0 \\ 0 & K_G & 0 \\ 0 & 0 & K_B \end{pmatrix} \tag{5.50}$$

上列式子的係數 (K_R, K_G, K_B)，從式(5.4)及式(5.24)可以求出。

由目前為止所描述過，利用圖 5.2 的虛擬螢幕的白色點調整後，透過色域轉換之色彩重現的組成，如同圖 5.15。

圖 5.15 的訊號處理的輸出入關係如下列。

$$\begin{pmatrix} X \\ Y \\ Z \end{pmatrix} = \begin{pmatrix} X_R & X_G & X_B \\ Y_R & Y_G & Y_B \\ Z_R & Z_G & Z_B \end{pmatrix}_P \begin{pmatrix} K_R & 0 & 0 \\ 0 & K_G & 0 \\ 0 & 0 & K_B \end{pmatrix} T \begin{pmatrix} R \\ G \\ B \end{pmatrix}_S \tag{5.51}$$

式(5.50)、式(5.49)代入上列的式子整理後，可以得到接下來的式子。

$$\begin{pmatrix} X \\ Y \\ Z \end{pmatrix} = \begin{pmatrix} X_R & X_G & X_B \\ Y_R & Y_G & Y_B \\ Z_R & Z_G & Z_B \end{pmatrix}_S \begin{pmatrix} R \\ G \\ B \end{pmatrix}_S \tag{5.52}$$

上面的式子與式(5.44)相同的關係，圖 5.15 的系統能夠將輸入訊號忠實地重現。

用圖 5.15，來說明使用虛擬螢幕的理由。

輸入訊號 $\begin{pmatrix} R \\ G \\ B \end{pmatrix}_S = \begin{pmatrix} 1 \\ 1 \\ 1 \end{pmatrix}$ 的時候，執行式(5.48)的色域轉換後變成下列。

$$\begin{pmatrix} R \\ G \\ B \end{pmatrix}_D = \begin{pmatrix} X_R & X_G & X_B \\ Y_R & Y_G & Y_B \\ Z_R & Z_G & Z_B \end{pmatrix}_D^{-1} \begin{pmatrix} X_R & X_G & X_B \\ Y_R & Y_G & Y_B \\ Z_R & Z_G & Z_B \end{pmatrix}_S \begin{pmatrix} 1 \\ 1 \\ 1 \end{pmatrix}$$

式子的右邊之「右邊的兩個項目」的計算結果，成為訊號白色點的色度座標的關係，此式可寫為，

$$\begin{pmatrix} R \\ G \\ B \end{pmatrix}_D = \begin{pmatrix} X_R & X_G & X_B \\ Y_R & Y_G & Y_B \\ Z_R & Z_G & Z_B \end{pmatrix}_D^{-1} \begin{pmatrix} \dfrac{x_w}{y_w} \\ 1 \\ \dfrac{z_w}{y_w} \end{pmatrix}$$

再經過變形後可以得到如下。

$$\begin{pmatrix} X_R & X_G & X_B \\ Y_R & Y_G & Y_B \\ Z_R & Z_G & Z_B \end{pmatrix} \begin{pmatrix} R \\ G \\ B \end{pmatrix}_D = \begin{pmatrix} \dfrac{x_w}{y_w} \\ 1 \\ \dfrac{z_w}{y_w} \end{pmatrix}$$

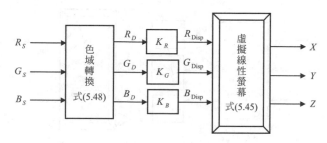

圖 5.15　用色域轉換之色彩重現的原理

此式的左邊，是調整到訊號標準的白色點之螢幕的 RGB $\Rightarrow$ XYZ 轉換，式子的右邊是該白色點的色度座標，$\begin{pmatrix} R \\ G \\ B \end{pmatrix}_D = \begin{pmatrix} 1 \\ 1 \\ 1 \end{pmatrix}$ 。

另外，(K_R , K_G , K_B) 是如同式(5.27)存在大於 1 之值的關係，對於 $\begin{pmatrix} R \\ G \\ B \end{pmatrix}_D = \begin{pmatrix} 1 \\ 1 \\ 1 \end{pmatrix}$ 的訊號，到螢幕的輸入訊號超過 1。使用圖 5.15 的虛擬螢幕的理由，是為了對應到大於 1 的輸入訊號。

B. 透過色域轉換之色彩重現的實現方法

在實現色域轉換需要避免使用圖 5.15 的虛擬螢幕。圖 5.16 表示的是不使用虛擬螢幕之色域轉換的方法。這個方法是圖 5.3 的指定白色點的方法，將色域轉換處理前置的方法。

K_m 可透過式(5.9)，(K_r , K_g , K_b) 可透過式(5.11)來決定。

另外，圖 5.16 色彩重現的輸出，表示於下列式子。

$$\begin{pmatrix} X \\ Y \\ Z \end{pmatrix} = \frac{1}{K_m} \begin{pmatrix} X_R & X_G & X_B \\ Y_R & Y_G & Y_B \\ Z_R & Z_G & Z_B \end{pmatrix}_S \begin{pmatrix} R \\ G \\ B \end{pmatrix}_S \tag{5.53}$$

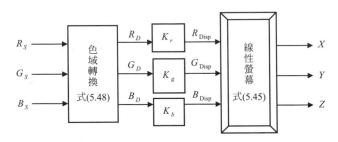

圖 5.16　透過色域轉換之色彩重現的實現方法

　　從式(5.53)的 xyY 分佈來看，重現色彩的輝度變成輸入訊號的色彩輝度的 $1/K_m$。這是因為螢幕的固有白色點的輝度做為基準。經過正規化調整後，因為 $1/K_m$ 消失，式(5.53)為訊號的 RGB $\Rightarrow$ XYZ 轉換：可視為與式(5.44)相同。

　　另外，圖 5.16 雖使用與圖 5.15 相同的式(5.45)，「為何在此不使用虛擬螢幕？」的理由，因為螢幕的輸入訊號變成小於 1 的關係，於一般的螢幕能夠對應。

C. 透過色域轉換之色彩重現的系統組成

　　實際的輸入訊號，是伽馬補償後的非線性訊號，螢幕也具有伽馬特性。圖 5.17 是考量過這些後的色域轉換系統的組成。

　　圖 5.17 中，首先，伽馬補償後的非線性 RGB 輸入訊號，經過逆伽馬處理轉換為線性訊號。接著符合某標準之線性 RGB 訊號用式(5.49)進行色域轉換，產生對應於螢幕之 RGB 訊號。然後於色域轉換所得到的訊號，乘上白色點調整的係數。最後，線性 RGB 訊號進行伽馬補償，轉換為非線性 RGB，輸入至螢幕。

D. 白色點調整方法與色域轉換方法的比較

　　圖 5.16 的色域轉換的實現方法與圖 5.3 的指定白色點的實現方法比較後，色域轉換的系統，是白色點調整系統之前，加上式(5.49)的矩陣運算處理而成。

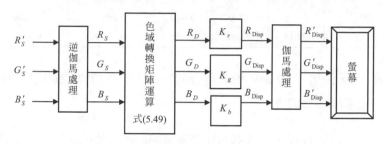

圖 5.17　使用色域轉換方法之色彩重現的系統組成

　　輸入訊號的色域和螢幕的色域不同的情況下，透過白色點的調整方法之色彩重現，僅能忠實地重現白色點，其他顏色無法忠實地重現。

　　螢幕的色域包含了輸入訊號的色域情況，透過色域轉換方法的色彩重現，能夠將所有輸入訊號的色彩忠實地重現。

　　輸入訊號的色域於螢幕的色域有突出部分的情況，突出部分的輸入訊號之色彩，無法正確地重現。這個情況下，螢幕色域內輸入訊號的色彩會被忠實地重現。

　　螢幕的色域和輸入訊號的色域相同的情況，因為式(5.49)的色域轉換矩陣變成單位矩陣，色域轉換方法變成了白色點調整方法。

　　另外，圖 5.4 的白色點調整方法即使在原來非線性訊號也可以實現，圖 5.17 的色域轉換方法是將非線性訊號經過逆伽馬處理，回復到線性訊號，是不可或缺的。

5.5.3　利用色域轉換技術之色彩重現的應用例子

　　在此舉實例來說明透過色域轉換手法之色彩重現技術。表 5.2 中所表示的是廣色域螢幕的原色、固有白色點以及 D65 的色度座標，符合該輸入訊號標準是sRGB。

表 5.2   廣色域螢幕的 3 原刺激與固有白色點的色度座標

色度座標	原色 R	原色 G	原色 B	固有白色點 P	白色點 (D_{65})
x	0.670	0.120	0.144	0.2659	0.3127
y	0.315	0.790	0.040	0.2931	0.3290
$z = 1 - x - y$	0.015	0.090	0.816	0.4410	0.3583

基於表 5.2，使用 5.5.2 節中所描述過的方法，為了建立透過色域轉換之色彩重現系統，來求出必要的資料。

色彩重現系統的實現，式(5.49)的色域轉換矩陣，與式(5.11)的白色點調整用的係數是必須的。

輸入訊號因為是 sRGB 標準的關係，與式(5.52)相當之 RGB $\Rightarrow$ XYZ 轉換是式(3.69)。為了方便起見，如下所重複。

$$\begin{pmatrix} X \\ Y \\ Z \end{pmatrix} = \begin{pmatrix} 0.4124 & 0.3576 & 0.1805 \\ 0.2126 & 0.7152 & 0.0722 \\ 0.0193 & 0.1192 & 0.9505 \end{pmatrix} \begin{pmatrix} R \\ G \\ B \end{pmatrix}_{sRGB} \tag{5.54}$$

符合式(5.45)之螢幕的固有白色點 RGB   XYZ 轉換，如下所求得。

$$\begin{pmatrix} X \\ Y \\ Z \end{pmatrix} = \begin{pmatrix} 0.5557 & 0.1017 & 0.2499 \\ 0.2612 & 0.6693 & 0.0694 \\ 0.0144 & 0.0763 & 1.4159 \end{pmatrix} \begin{pmatrix} R \\ G \\ B \end{pmatrix}_{P} \tag{5.55}$$

為了將螢幕的白色點從固有白色點調整至 D65，式(5.55)乘上的係數如下所示。

$$\begin{pmatrix} K_R \\ K_G \\ K_B \end{pmatrix} = \begin{pmatrix} 1.2195 \\ 0.9447 \\ 0.7076 \end{pmatrix} \tag{5.56}$$

由式(5.55)與式(5.56)，在 D65 白色點螢幕的 RGB $\Rightarrow$ XYZ 轉換，如下。

$$\begin{pmatrix} X \\ Y \\ Z \end{pmatrix} = \begin{pmatrix} 0.6778 & 0.0960 & 0.1768 \\ 0.3186 & 0.6323 & 0.0491 \\ 0.0152 & 0.0720 & 1.0019 \end{pmatrix} \begin{pmatrix} R \\ G \\ B \end{pmatrix}_D \tag{5.57}$$

式(5.54)與式(5.57)的矩陣係數到式(5.49)的色域轉換矩陣，如下可以求出。

$$T = \begin{pmatrix} 0.6020 & 0.3833 & 0.0148 \\ 0.0323 & 0.9344 & 0.0332 \\ 0.0078 & 0.0460 & 0.9461 \end{pmatrix} \tag{5.58}$$

如圖 5.16 至螢幕的輸入訊號是表示為

$$\begin{pmatrix} R \\ G \\ B \end{pmatrix}_{Disp} = \begin{pmatrix} K_r & 0 & 0 \\ 0 & K_g & 0 \\ 0 & 0 & K_b \end{pmatrix} T \begin{pmatrix} R \\ G \\ B \end{pmatrix}_{sRGB} \tag{5.59}$$

在此，

$$\begin{pmatrix} K_r \\ K_g \\ K_b \end{pmatrix} = \begin{pmatrix} K_R \\ K_G \\ K_B \end{pmatrix} \div K_m = \begin{pmatrix} 1.0000 \\ 0.7746 \\ 0.5802 \end{pmatrix} \tag{5.60}$$

$$K_m = \max(K_R, K_G, K_B) = K_R = 1.2195 \tag{5.61}$$

式(5.58)、式(5.60)代入至式(5.59)整理之後，可得到最後的色域轉換式。

$$\begin{pmatrix} R \\ G \\ B \end{pmatrix}_{Disp} = \begin{pmatrix} 0.6020 & 0.3833 & 0.0148 \\ 0.0250 & 0.7238 & 0.0257 \\ 0.0045 & 0.0267 & 0.5490 \end{pmatrix} \begin{pmatrix} R \\ G \\ B \end{pmatrix}_{sRGB} \tag{5.62}$$

圖 5.18 是 RGB ⇒ XYZ 轉換：表示透過式(5.54)，式(5.57)所得到的 xyY 分佈。式(5.54)是表示輸入訊號的 sRGB 色域。因爲螢幕的色域比起 sRGB 標準色域來得廣，sRGB 的 xyY 分佈完全地包含在螢幕的 xyY 分佈，sRGB 的輸入訊號之色彩在這個螢幕上忠實地重現。

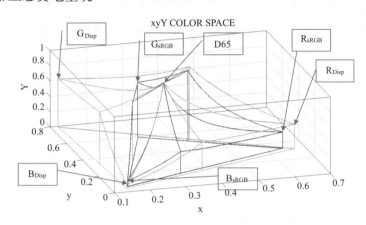

圖 5.18   表 5.2 螢幕與 sRGB 標準色域的 xyY 分佈（螢幕：綠色，sRGB：紅色）

這裡試著再確認關於色域轉換處理的輝度基準，基本上，透過式(5.58)的矩陣之處理結果，輸入到圖 5.3 和圖 5.4 的廣義螢幕即可。

但是，實際上的螢幕本身之輸入，透過矩陣處理結果是有加上白色點調整。對於訊號處理的過程，該輝度基準是使用固有白色點的輝度。也就是說，$(R, G, B)_{Disp} = (1, 1, 1)$ 的時候螢幕輝度被視爲 1。

式(5.58)的色域轉換矩陣運之後，用式(5.56)的係數進行白色點調整的話，對於符合 sRGB 標準之輸入訊號，螢幕的重現色彩是和式(5.35)相同。但是此時，因爲輸入至螢幕的輸入訊號存在有大於 1 的值，故無法進行色彩重現。

爲此，式(5.58)的色域轉換矩陣運算之後，不使用式(5.56)的係數，而是使用式(5.60)的係數進行白色點調整的話，因爲螢幕的輸入訊號範圍變成 0 到 1，色彩能夠重現。此時，白色點 D65 的輝度比起螢幕的固有白色點之輝度「1.0」還低的關係，輸入訊號的色彩重現如下。

$$\begin{pmatrix} X \\ Y \\ Z \end{pmatrix} = \frac{1}{K_m} \begin{pmatrix} 0.4124 & 0.3576 & 0.1805 \\ 0.2126 & 0.7152 & 0.0722 \\ 0.0193 & 0.1192 & 0.9505 \end{pmatrix} \begin{pmatrix} R \\ G \\ B \end{pmatrix}_{sRGB} \qquad (5.63)$$

上列的式子為式(5.60)的 $1/K_m$ （通常 $K_m \geq 1$ ）。

　　透過式(5.63)的色彩重現，與式(5.62)的色域轉換處理對應。接著，舉一個使用式(5.62)的色彩轉換之典型的色彩重現例子。

(1)　能夠正確地重現白色點

　　輸入訊號 $(R, G, B)_{sRGB} = (1.00, 1.00, 1.00)$ 的時候，執行式(5.58)的矩陣運算後，可得到 $(R, G, B)_D = (1.00, 1.00, 1.00)$ 。執行式(5.60)的白色點調整處理後，可以得到螢幕的輸入 $(R, G, B)_{sRGB} = (1.0000, 0.7746, 0.5802)$ 。

　　當然，直接使用轉換式(5.62)也是有相同的結果。

(2)　能夠忠實地重現 sRGB 標準色域內的所有色彩

　　舉例來說，$(R, G, B)_{sRGB} = (0.10, 0.50, 0.20)$ 的時候，可以得到 $(R, G, B)_{Disp} = (0.2548, 0.3696, 0.1236)$ 。

(3)　在 bg-sRGB 標準的情況下，sRGB 標準色域的外側和螢幕色域的內側的
　　　色彩可以忠實地重現。

　　例如，具有負值的情況下，$(R, G, B)_{sRGB} = (-0.36, 0.86, 0.35)$ 的時候，可得到 $(R, G, B)_{Disp} = (0.1181, 0.6225, 0.2135)$ 。由於這些的值並非負值或大於 1 的值，因此可以輸入至螢幕。

　　同樣地大於 1 的輸入訊號的情況下，舉例如 $(R, G, B)_{sRGB} = (1.20, 0.20, 0.15)$ 的時候，可以得到 $(R, G, B)_{Disp} = (0.8013, 0.1787, 0.0931)$ 。這些對於螢幕來說是可以被接受的值。

(4)　螢幕色域的外側之色彩無法忠實地重現

　　舉例來說，在 bg-sRGB 標準的情況 $(R，G，B)_{sRGB} = (-0.80，0.40，0.50)$ 的時候，而 $(R, G, B)_{Disp} = (-0.3209, 0.2824, 0.2815)$。因爲存在著負值的關係，無法直接地作爲螢幕的輸入。變成是將負值箝制於 0 然後輸入至螢幕，變得無法忠實地重現訊號的色彩。

5.5.4　廣色域螢幕的色彩重現效果

　　在此將幾個色彩的色域轉換結果整理在表 5.3，bg-sRGB 標準是 sRGB 的延伸，5.5.3 節所描述過的 sRGB 標準的輸入訊號之關係式，能夠全部沿用於 bg-sRGB 標準。

表 5.3　從 bg-sRGB 訊號至螢幕 RGB 的色域轉換例子

色彩編號	bg-sRGB 標準的 RGB			輸入至螢幕的 RGB		
	R	G	B	R	G	B
1	0	0.84	0.35	0.3271	0.6170	0.2146
2	-0.36	0.84	0.35	0.1104	0.6080	0.2129
3	1	0.2	0.15	0.6809	0.1737	0.0922
4	1.2	0.2	0.15	0.8013	0.1787	0.0931

　　表 5.3 是符合 bg-sRGB 標準的 4 組 RGB 值，並且是表示透過式(6.62)轉換後，至螢幕的輸入訊號 RGB。

　　表 5.3 的 RGB 資料做伽馬補償，可利用此值做成如同圖 5.19 的色彩模型。圖 5.19(a)是將輸入訊號直接地輸入至 sRGB 標準螢幕所得到的結果。因爲負值和大於 1 的值被箝制的關係，1 號和 2 號的顏色，3 號和 4 號的顏色變成一樣的。圖 5.19(b)中，因爲是經過色域轉換而得到的螢幕之 RGB 輸入，分別地重現 4 種色彩。因爲輸入訊號的 RGB 和顯示裝置的色域相關，讀者在觀察圖 5.19 的時候，需要知道這非絕對的色度座標，可以試著觀察相對的色彩變化，來瞭解色域轉換的內容。

　　如果能夠製作出遠超過 sRGB 標準的顯示螢幕，使用在此描述過的色域轉換技術，能夠忠實地重現比起 sRGB 標準色域還廣的色彩。由以上所得到，色域轉換技術可以說是最理想的色彩重現技術。以現在的製程技術，雖然能以低成本製作出比 sRGB 標準色域還廣的螢幕，但在 CIE 1931 色度圖之中，螢幕的色域無法無限延伸。舉例來說，在液晶螢幕中，來自於背光燈的發光率和彩色濾光片的透光率等等的限制，維持著輝度同時將色域過度地擴展，會導致成本上升。

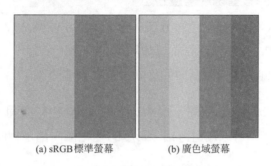

(a) sRGB 標準螢幕　　　　　(b) 廣色域螢幕

圖 5.19　色域轉換的應用例子

5.6　　透過色域對應之色彩重現技術

　　先前已介紹過，兩種較輸入訊號色域還廣的螢幕表現方法。其中一個是僅用白色點調整所對應的方法，另一個是透過色域轉換的方法。白色點調整的方法，在白色點之外的顏色無法忠實地重現。色域轉換方法，色彩雖然可以忠實地表現，有著無法發揮螢幕的顯示能力之缺點。

　　現在，電視使用的螢幕色域，比起電視訊號的 HDTV 色域還廣的關係，來探討螢幕色域的有效利用與色彩忠實地呈現是否可同時成立。在此之前先說明一下記憶色(memory color)的用語。人類以白色為中心，關於膚色、綠草、藍天等等的特定色彩，在腦海中有固定影像。這些的色彩稱為記憶色，這些也有被稱為偏好的顏色(preferred color)。（參考文獻 7, pp.174-177）

　　將此記憶色忠實地表現，其它的色彩則充分利用螢幕的顯示能力，應該可以鮮明地顯示出來。不同色域間的色彩表現技術，被稱爲色域對應(Gamut mapping)。5.2 節的色域轉換技術也是屬於色域對應技術的範疇。

5.6.1　xyY 色彩空間之色域對應

A. 維持記憶色的色彩重現之考量方法

　　在 CIE 1931 xy 色度圖之色彩分佈（參考第 2 章的圖 2.12）可以看出色相、彩度。以白色點爲中心，逆時針方向旋轉一圈後，顏色以紅、黃、綠、藍綠、藍、紫的順序變化。另外，從白色點向外移動，色彩濃度變深。

　　圖 4.1(a)的 YCbCr 色彩空間，圖 4.25(a)的 HSV 色彩空間，以及圖 4.27(a)的 Lab 色彩空間相比較，可以知道色相、彩度的變化傾向都是相同的。

　　在此，來說明 HDTV 標準的影像在廣色域螢幕上色域對應方法。圖 5.20 中，HDTV 的色域與螢幕的色域之外，表示著記憶色邊界線。以白色點爲起始，記憶色在邊界線的內側。因爲邊界線是爲了區分記憶色與其它的色彩所設定的，所以不管它的形狀。在這裡，爲了能夠自由地調整覆蓋的形狀，採用具有 9 個色度座標之九邊形的邊界線。

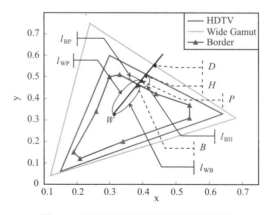

圖 5.20　記憶色的邊界與色域對應的關係

　　邊界線內側的顏色雖依原樣重現，邊界線外側的顏色，考慮到色彩的色相並充分地運用螢幕的顯示能力來進行色域對應。在這裡，說明對於圖 5.20 的 P 點色彩之色域對應方法。因為 P 點是符合 HDTV 標準的訊號，雖在存在於 HDTV 色域上，但超過了記憶色邊界線。

　　首先，白色點 W 和 P 點(pixel)連接起來畫出直線 WP。此直線與其延長線和記憶色邊界(border 線)的交點為 B，HDTV 色域邊界（HDTV 線）交點為 H，螢幕色域邊界（WideGamut 線）交點為 D。

　　在 HDTV 標準的訊號，直線 WP 方向的色相所擁有的全部顏色，在 WH 線上存在。

　　相同色相在螢幕上能夠表現的顏色，存在於 WD 線上。色域對應處理是 WB 線上的顏色原封不動地顯示，剩下之 BH 線上的顏色（超過記憶色邊界之 HDTV 色彩）對應至 BD 線上的顏色（能夠為螢幕表現的顏色）即可。

　　在此，測量 P 點的顏色與記憶色之緊密度指標係數 k，導入如下列。

$$k = \begin{cases} 0 \,; & l_{WP} \leq l_{WB} \\[2mm] \dfrac{l_{BP}}{l_{BH}} \,; & l_{WP} > l_{WB} \end{cases} \tag{5.64}$$

　　P 點若是在記憶色邊界線之內的顏色，$l_{WP} \leq l_{WB}$ 成立，$k = 0$。P 點若是在記憶色邊界線之外的顏色，k 介於 0 至 1 之間的範圍。另外，離記憶色的邊界越遠，k 的值越大。

B. 在 xyY 色彩空間的色域對應演算法

　　這裡將描述在使用式(5.64)的指標係數 k 之 xyY 色彩空間的色域對應演算法。對應輸入的 HDTV 訊號的 P 點的色度座標為 (x_2, y_2)，對應螢幕色域的邊界 D 點的色度座標為 (x_3, y_3)，對應結果的色度座標為 (x_1, y_1) 後，前述的記憶色維持的色域對應，如下列式子表示。

$$x_1 = x_2 + k \times (x_3 - x_2)$$
$$y_1 = y_2 + k \times (y_3 - y_2)$$

(5.65)

由式(5.65)、式(5.64)與圖 5.20，若 P 點在記憶色邊界線之內側，而 $k = 0$ 的關係，HDTV 訊號的色度座標以色域對應結果直接輸出。若 P 點在記憶色邊界線之外側，根據 k 值將 BD 線上分配到的色彩對應結果輸出。特別是 P 點是在 HDTV 色域邊界線上的時候，$k = 1$，對應結果變成了 (x_3 , y_3)。

接下來，透過輝度方法來說明色域對應方法。輸入色度座標爲 (x_2 , y_2 , Y_2)，色度座標 (x_2 , y_2) 標準的最大輝度值爲 $Y_{\text{HDTV\_max}}$，對應結果 (x_1 , y_1) 的螢幕最大輝度爲 $Y_{\text{Disp\_max}}$ 後，輝度方向的對應結果 Y_1 如下列所表示。

$$Y_1 = \left((1-k) + k \times \frac{Y_{\text{Disp\_max}}\,(x_1,y_1)}{Y_{\text{HDTV\_max}}\,(x_2,y_2)} \right) \times Y_2$$

(5.66)

式(5.66)與圖 5.21 驗證後所得知的，螢幕的 xyY 分佈截面，是以螢幕的固有白色點之輝度爲基準，與 RGB $\Rightarrow$ XYZ 轉換對應。

標準的 xyY 截面，爲了將輝度基準統一至螢幕的固有白色點的輝度，HDTV 標準（ITU-R BT. 709 標準）的 RGB $\Rightarrow$ XYZ 轉換，並非式(3.29)原樣，如下列地乘上係數 $(1/K_m)$。

$$\begin{pmatrix} X \\ Y \\ Z \end{pmatrix} = \frac{1}{K_m} \begin{pmatrix} 0.4124 & 0.3576 & 0.1805 \\ 0.2126 & 0.7152 & 0.0722 \\ 0.0193 & 0.1192 & 0.9505 \end{pmatrix} \begin{pmatrix} R \\ G \\ B \end{pmatrix}_{709}$$

(5.67)

在此，K_m 可從式(5.61)求出。

若 P 點在記憶色邊界線之內側，$k = 0$ 之輸入輝度 Y_2 原樣直接輸出。若 P 點在記憶色邊界線之外側，透過 2 個分配處理可以得到對應結果。

其中一個，是對應 $Y_{\text{Disp\_max}}(x_1,y_1)$ 和 $Y_{\text{HDTV\_max}}(x_2,y_2)$ 的比例來決定 Y_2 的分配之處理。另一個是透過事先決定分配與 Y_2 本身之間之係數 k 經過加權平均之處理。圖 5.21 所表示的是輝度 Y_2 對應至輝度 Y_1，基於 xyY 色彩空間之色域對應方法，完全使用在 xy 平面的螢幕色域，在輝度 Y 的方法可以知道沒有全使用。

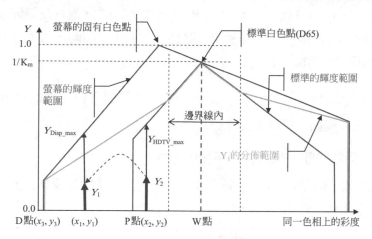

圖 5.21　輝度方向的色域對應原理
（通過 D65 白色點之 xyY 分佈的截面）

利用從式(5.65)與式(5.66)所求出的 (x_1,y_1,Y_1)，(X_1,Z_1) 可透過下列求出。

$$X_1 = x_1 \times \frac{Y_1}{y_1}$$

$$Z_1 = (1 - x_1 - y_1) \times \frac{Y_1}{y_1} \tag{5.68}$$

最後為了重現顏色 (X_1,Y_1,Z_1)，螢幕的 RGB 輸入訊號由下列的式子計算，完成色域對應處理。

$$\begin{pmatrix} R \\ G \\ B \end{pmatrix}_{\text{out}} = \begin{pmatrix} X_R & X_G & X_B \\ Y_R & Y_G & Y_B \\ Z_R & Z_G & Z_B \end{pmatrix}_P^{-1} \begin{pmatrix} X_1 \\ Y_1 \\ Z_1 \end{pmatrix} \tag{5.69}$$

式(5.68)是螢幕的固有白色點的輝度做為基準，螢幕的$RGB \Rightarrow XYZ$轉換之逆轉換。此$RGB \Rightarrow XYZ$轉換和前面所描述過廣色域的式(5.55)相當。

當作補充內容，來說明式(5.66)所用到的$Y_{\text{HDTV\_max}}(x_2, y_2)$之求法。

$(x_2, y_2, 1-x_2-y_2)$代入到$XYZ \Rightarrow RGB$轉換式(5.67)，進行反矩陣運算後可求得RGB的值。在RGB之中為了將最大值變成1而決定係數c。（為了做說明，這裡所導入的係數）然後，$(c \times y_2)$變成$Y_{\text{HDTV\_max}}(x_2, y_2)$。

相同地在(5.66)所用到的$Y_{\text{Disp\_max}}(x_1, y_1)$是螢幕固有白色點的輝度為基準之$RGB \Rightarrow XYZ$：例如，可以從式(5.55)同樣地求出。

C. 於 xyY 色彩空間之色域對應系統的組成

圖 5.22 表示的是在 xyY 色彩空間之色域對應系統的組成。在此，利用線性 RGB 訊號為例來說明。

首先，HDTV 標準的$RGB \Rightarrow XYZ$轉換：從式(5.67)所得到的 XYZ 訊號求出(x_2, y_2)。接著，由式(5.64)計算與記憶色邊界線相關之指標係數k。之後，使用式(5.65)、式(5.66)求對應結果的(x_1, y_1, Y_1)。最後，以式(5.69)求 RGB 訊號輸出至螢幕。

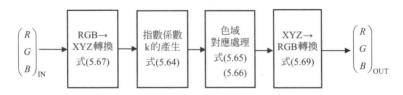

圖 5.22　在 xyY 色彩空間的色域對應系統的組成

考慮色域對應的視覺效果，與其 xyY 色彩空間，若使用像是 u' v' Y 的均等色空間，會得到更好的效果。

輝度方向不使用指標係數 k 而使用指數函數之演算法，參考文獻 8、10 以及 9（pp.134-146）之中有介紹到。更常見的色域對應技術以及其評價方法，請參閱參考文獻 11 與 12（pp.661-682）。

D. 於 xyY 色彩空間之色域對應效果

在此，透過維持記憶色之色域對應效果為例來說明。

輸入影像是符合 HDTV 標準，螢幕是屬於廣色域的。圖 5.23(a)是白平衡調整後，顯示於螢幕後的影像，使用將這個影像的 RGB 訊號乘上係數的手法。圖 5.23(b)是色域對應處理之下所得到的螢幕之表現效果。白色與膚色是與原影像相同色彩來重現，藍色（衣服、鍵盤的文字）與綠色（綠樹的葉子）為明亮且鮮豔地重現。

白平衡手法如同式(5.32)這樣的係數相乘來進行的關係，螢幕的藍色和綠色周圍的表現能力沒有被充分地運用。

(a) 原影像(白平衡)　　(b) 色域對應影像

圖 5.23　色域對應的效果

5.6.2　於 RGB 色彩空間之色域對應技術

在此描述直接使用 RGB 訊號色域對應方法[13]。xyY 色彩空間的方法雖無法維持非記憶色的色相，但因為計算量較少，而實用性較高。另外，對應處理是由各種的 RGB 訊號加權計算所組成的關係，具有能夠適用於線性 RGB 訊號與非線性 RGB 訊號兩邊之優點。

A. 原始訊號與透過色域轉換訊號之對應方法

　　如同圖 5.20 所表示地，若是在記憶色邊界線之內側，該顏色可以被忠實地表現。邊界線外側的顏色，透過輸入的原訊號與色域轉換所得到的訊號之加權平均後可求得。實現這個的演算法如接下來的式子所表示。

$$\begin{pmatrix} R \\ G \\ B \end{pmatrix}_{OUT} = (1-k)\begin{pmatrix} R \\ G \\ B \end{pmatrix}_{Disp} + k\begin{pmatrix} R \\ G \\ B \end{pmatrix}_{IN} \qquad (5.70)$$

　　在此，k 是與式(5.64)的記憶色相關的指標係數，$\begin{pmatrix} R \\ G \\ B \end{pmatrix}_{IN}$ 是符合國際標準之影像的輸入訊號，$\begin{pmatrix} R \\ G \\ B \end{pmatrix}_{Disp}$ 是透過式(5.62)的色域轉換方法所得到的色域轉換的結果，$\begin{pmatrix} R \\ G \\ B \end{pmatrix}_{OUT}$ 是色域對應的結果。基於式(5.70)之演算法，能夠透過圖 5.24 來實現。

　　圖 5.24 之中，用實線表示的是 RGB 的影像訊號，點線是記憶色邊界線處理與控制係數 k 相關訊號。圖 5.24 的結果並非指定白色點調整過後之廣義的螢幕，而是輸出至未調整白平衡的螢幕。

　　輸入訊號的 HDTV 標準之色域，因為和 sRGB 基本色域相同的關係，在此，表 5.2 的 sRGB 用 HDTV 來置換，沿用色域轉換式(5.62)等等的結果，來進行演算法的解說。

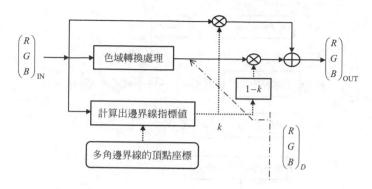

圖 5.24 基於式(5.69)的演算法之系統的組成
（實線：影像訊號，點線：控制訊號）

B. 透過原訊號與色域轉換訊號與白色點調和訊號之對應方法

這裡來探討加上配合式(5.70)中白色點（白平衡補償）之後，影像訊號之對應方法。關於記憶色邊界線之內側的顏色，不僅是色域轉換的結果，也要考慮到白平衡調整後的影像訊號之處理。爲了實現此方法，導入新的係數 α。此具體的實現手法如下列式子所表示。

$$\begin{pmatrix} R \\ G \\ B \end{pmatrix}_{\text{OUT}} = (1-k)\left(\alpha \begin{pmatrix} R \\ G \\ B \end{pmatrix}_{\text{Disp}} + (1-\alpha) \begin{pmatrix} R \\ G \\ B \end{pmatrix}_{\text{WB}} \right) + k \begin{pmatrix} R \\ G \\ B \end{pmatrix}_{\text{IN}} \tag{5.71}$$

在此，k 是式(5.64)的記憶色相關之只標係數，α 是範圍在[0, 1]的係數，另外 $\begin{pmatrix} R \\ G \\ B \end{pmatrix}_{\text{IN}}$ 是符合國際標準的影像的輸入訊號，$\begin{pmatrix} R \\ G \\ B \end{pmatrix}_{\text{Disp}}$ 是由式(5.62)所得到的色域轉換的結果，$\begin{pmatrix} R \\ G \\ B \end{pmatrix}_{\text{WB}}$ 是圖 5.3，用式(5.10)的白色點調整所得到的影像訊號，$\begin{pmatrix} R \\ G \\ B \end{pmatrix}_{\text{OUT}}$ 是色域對應的結果。基於式(5.71)之演算法，能夠用圖 5.25 的系統組成。

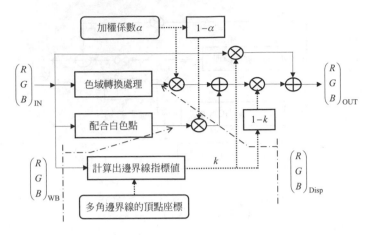

圖 5.25　基於式(5.71)的演算法之系統組成
（實線：影像訊號；點線：控制訊號）

　　圖 5.25 之中，RGB 的影像訊號是實線，記憶色邊界線處理和控制係數 k 相關訊號是以點線來表示。如同對照式(5.71)之後所得知，用 HDTV 色域的邊界作爲記憶色邊界線的時候，因爲 $k=1$ 經常是成立的，輸入影像訊號原樣地輸出，顯示於螢幕上。另外，設定 $\alpha=1$ 之後，式(5.71)變成式(5.70)。設定 $\alpha=0$ 後，對應處理是用原訊號與配合白色點的訊號之間來進行。

C. xyY 色彩空間與 RGB 色彩空間中的色域對應之比較

　　在 xyY 色域空間之色域對應，對於非記憶色，具有能夠維持色相之特徵。但是，在 RGB 色彩空間之色域對應，是沒有辦法維持非記憶色的色相。

　　圖 5.26 表示的是在 xyY 色彩空間之色域對應和 RGB 色彩空間之色域對應的差異。

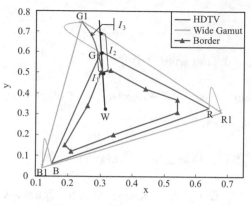

圖 5.26　色域對應手法的比較

　　如同圖 5.26 所表示的，若是 xyY 色彩空間之色域對應方法，由於在輸入影像訊號的標準色域，其直線 l_1 上的非記憶色為螢幕色域中直線 l_2 的色彩所分配對應，對應結果的色相沒有變化。但是，在 RGB 色彩空間之色域對應，因為輸入訊號的純色點 R、G、B 對應至螢幕的純色點 R1、G1、B1，點 W、G、G1 並非在同一直線上的關係，所以色相沒有維持。

參考文獻

(1) http://ja.wikipedia.org/wiki/色溫度

(2) Noboru Ohta, Alan R. Robertson：Colorimetry, Fundamentals and Applications, Wiley, 2005

(3) 池田光男：色彩工程的基礎，朝倉書店，2003

(4) Erik Reinhard, Erum Arif Khan, Ahmet Oguz Akyuz, and Garrett M. Johnson：Color Imaging, Fundamentals and Applications, A K Peters, 2008

(5) http://ja.wikipedia.org/wiki/白平衡

(6) http://ja.wikipedia.org/wiki/色域

(7) R.W.G. Hunt：The Reproduction of Colour, Wiley, Sixth Edition, 2004

(8) 張小忙，夏普股份有限公司，專利申請號碼 2009-118333，"影像處理裝置及影像處理方法"

(9) 英語論文作成研究會 編：技術英語論文的寫法，共立出版，2011

(10) M. Teragawa, A. Yoshida, X. M. Zhang：An analysis of practical gamut-mapping algorithm on TVs," Proceedings of Eurodisplay (IDRC), 2009

(11) Jan Morovic：Color Gamut Mapping, Wiley, 2008

(12) Gaurav Sharma：Digital Color Imaging, Handbook, CRC Press, 2003

(13) 張小忙，吉田明子：夏普股份有限公司，專利申請號碼 2009-118334，"影像處理裝置及影像處理方法"

第六章
多原色訊號處理技術

引言

　　使用多原色(MPC：Multi-Primary Color)技術之多原色顯示裝置，比起 3 原色能夠更容易地擴展色域。色域遠超過 sRGB 的基本色域的多原色螢幕，已經實際地被運用，可以期待在各個領域之應用。多原色的訊號處理技術，現狀上仍然是處於摸索的階段，但此後將會建立。本章之中，舉出 4 原色的實例，介紹多原色螢幕的白平衡調整和忠實地重現色彩相關的訊號處理技術。

6.1　多原色的特徵

　　在加法混色中將 3 原色當作基礎，為了與此做區分，使用 4 個以上原色的情況下，被稱為多原色。如同章節 3.1.2 之中的圖 3.2 以及圖 3.3 所表示的，比起 3 原色來說，4 原色能夠重現更廣色域的色彩。多原色系統是「**色域較廣是其最大的特徵**」，除此之外也具有 3 原色所沒有的性質。

6.1.1　於色彩重現之多原色的冗長性

　　到目前為止已經描述過，根據 3 原色的加法混色原理，由 3 原刺激的色度座標所組成之三角形上的色彩，能夠利用三角形頂點的 3 原色來產生。

　　這裡將試著探討，以 4 原色為例，使用多原色的色彩重現之方法。圖 6.1 是 4 原色 R、G、B 以及 D 的原刺激的色度座標所表示，從 3 原色的加法混色原理所知道的，四邊形 GRBD 上的顏色，能夠利用各別的三角形所組成之 3 個原刺激來製作出來。

　　透過 4 原色能夠重現的色彩，由下列式子所表示。

$$
\begin{pmatrix} X \\ Y \\ Z \end{pmatrix} = \begin{pmatrix} X_R & X_G & X_B & X_D \\ Y_R & Y_G & Y_B & Y_D \\ Z_R & Z_G & Z_B & Z_D \end{pmatrix} \begin{pmatrix} R \\ G \\ B \\ D \end{pmatrix}
\tag{6.1}
$$

　　上列式子的矩陣係數可透過測量來求出。

　　在此，僅考慮 4 原色之中的 1 個原色 R，並且賦予最大值的情況。$R=1$；$G=B=D=0$ 輸入至螢幕，於該 XYZ 表色系中測量 XYZ 的值 X_R，Y_R，Z_R。這個情況下，對於 R≠0；$G=B=D=0$ 時候的任意之 R，XYZ 值如下列（推導方法參考 3.2.1 節）。

$$
X = RX_R \ ; \ Y = RY_R \ ; \ Z = RZ_R
\tag{6.2}
$$

　　同樣地，對於原色 G、B、D，可得到接下來的關係式。

$$
X = GX_G \ ; \ Y = GY_G \ ; \ Z = GZ_G
\tag{6.3}
$$

$$
X = BX_B \ ; \ Y = BY_B \ ; \ Z = BZ_B
\tag{6.4}
$$

$$
X = DX_D \ ; \ Y = DY_D \ ; \ Z = DZ_D
\tag{6.5}
$$

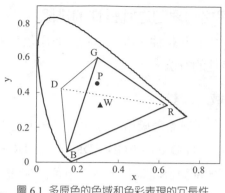

圖 6.1 多原色的色域和色彩表現的冗長性

整理式(6.2)至式(6.5)之後，可以求出式(6.1)。

色彩的重現，是將指定的 XYZ 值的色彩顯示於螢幕上。換句話說，指定色彩的重現，必須用式(6.1)的逆運算來求出 RGBD 之值。但是，從式(6.1)的 3 個方程式無法確定 RGBD 的四個量。意即 RGBD 之中的 1 個量固定的話，剩下的 3 個量就可以被決定出；即對於指定的色彩有存在複數個解。在這裡明明是重現 1 個顏色，卻有複數個 RGBD 的組合存在。這就是被稱為於**色彩重現之多原色的冗長性**。

冗長性的原因，是多原色的色彩重現在 3 原色的加法混色理論有所違背的地方。也就是，明明色彩的重現中 3 個原色就很足夠，為了將色域擴張而設定 4 個原色。例如，圖 6.1 中 P 點的顏色。在 RGB 的 3 原色或是 GDR 的 3 原色都可以實現。同樣地，W 點的顏色用 RGB 的 3 原色或 DRB 的 3 原色都可以實現。重現色彩屬於 2 個以上的三角形，是冗長性產生的原因。

由於這樣的冗長性對於色彩的重現是相當大的一個妨害，而必須要去除掉。在先前所描述過的方法，將 RGBD 其中的 1 個量固定的話，雖可以決定剩下的 3 個量，透過這個方法所得到之其他的 3 個量，不限於在螢幕的輸入訊號範圍[0,1]。這樣的話，變成範圍以外的原因是在於固定量的選擇並不適切，另外確定了重現色彩於顯示螢幕的色域之外，必須要用更進一步的應對方法。由上，可以得知固定 1 個量來決定剩餘的 3 個量之方法，並不是很好。

6.1.2　透過色彩理論的限制之冗長性的排除

　　於色彩重現之多原色的冗長性，因為這對於多原色訊號處理是個麻煩，接下來試著探討排除此冗長性的方法。

A. 於 xy 色度圖的色域之探討

　　利用圖 6.1 的 4 原色，試著考慮用 3 原色的加法混色的色彩重現。由 4 原色的 RGBD 之 3 原色組合，有 DRG、RGB、DRB 以及 DGB 這 4 組。從這些組之中選出適當的 2 組，若各別組合能夠對應至 3 原色的加法混色原理，能夠重現四邊形 GRBD 上所有的色彩。對於圖 6.1 的 4 原色具有 RGB 組與 DGB 組，以及 DRG 組與 DRB 組的 2 種選擇。無論選擇何者，能夠重現的色域都是四邊形 GRBD。

　　因此透過使用 xy 色度圖的面積來表示色域廣度的時候，使用多數個 3 原色組合來重現多原色的色彩，可以避開於色彩重現之多原色的冗長性。

B. xyY 色彩空間的色域探討

　　在 xyY 色彩空間，必須要確定「於色彩重現之冗長性有何優點？」。因為白色是色彩重現的基準顏色，4 原色系統之中同時使用 4 個顏色時，比起透過各別的 3 色，螢幕的固有白色點的輝度較高。這利用式(6.1)的解析應該可以很容易地理解。$R = G = B = D = 1$的時候，比起只有 3 原色（例如，$R = G = B = 1$，$D = 0$）的時候，得到較高的輝度值 Y。

　　在色彩重現上，很少會原封不動地將白色點當作固有白色點使用，對於指定白色點，3 原色比起同時使用 4 原色的輝度較低，這是無法避免的。

6.2　　多原色螢幕的白平衡調整技術

6.2.1　　多原色訊號處理

A.　多原色訊號處理的考量方法

一個方法是從 4 原色選出主要組的 3 原色和次要組的 3 原色來進行訊號處理。主要組的 3 原色之中包含指定白色點（例如，D65），白平衡調整在主要組來進行。在螢幕的設計階段，包含 sRGB 規範的標準色域來分配主要組的 3 原刺激即可。

次要組的 3 原色，是為了擴張主要組的色域而制訂。另外，調和主要組的白平衡結果，調整次要組的增益係數即可。透過這樣的作法，在多原色系統中能夠運用截至目前的 3 原色原理，而具有此一優點。

B.　多原色螢幕的空間色域

在 3 原色系統中表示色彩重現能力的色域，是透過 3 原色的色度座標來決定。若指定白色點的話，用這個輝度值來正規化後，可以導出 $XYZ \Leftrightarrow RGB$ 的相互轉換式。但是，因為多原色系統中存在有複數組的 3 原色，各組的邊界的輝度 Y 之中必須要保持連續性。因此為了更準確地表示多原色的色彩重現能力，將 xyY 色彩空間的分佈作為空間色域來導入。

在此舉出具體的例子，直覺地描述求取多原色螢幕的空間色域的方法。首先，討論關於表示多原色螢幕固有的表現能力之 xyY 空間，在 6.2.3 節所考慮過的白平衡對 xyY 空間進行展開。

另外，關於矩陣係數，需注意在計算過程中根據有效位元數的不同，會有誤差的產生。

6.2.2　主要組 3 原色的 xyY 色彩空間分佈

　　表 6.1 是表示 4 原色系統的主要組 RGB 的 3 原刺激，固有白色點，以及 D65 的色度座標。這裡固有白色點的色度座標，在 $R = G = B \neq 0$，$D = 0$ 的時候，是螢幕顯示色彩的色度座標。

　　表 6.1 的參數代入到式(3.14)和式(3.17)後，可以得到下列的係數。

$$\begin{pmatrix} S_R \\ S_G \\ S_B \end{pmatrix} = \begin{pmatrix} 0.5862 \\ 1.1569 \\ 1.8736 \end{pmatrix} \tag{6.6}$$

表 6.1　主要組 RGB 的 3 原刺激、固有白色點、以及 D65 的色度座標

色度座標	原色 R	原色 G	原色 B	固有白色點	白色點 (D_{65})
x	0.640	0.300	0.150	0.2774	0.3127
y	0.330	0.600	0.060	0.2765	0.3290
$z = 1 - x - y$	0.030	0.100	0.790	0.4461	0.3583

　　將這些係數代入到式(3.11)後，可以求得下列的式子。

$$\begin{pmatrix} X \\ Y \\ Z \end{pmatrix}_P = \begin{pmatrix} 0.3751 & 0.3471 & 0.2810 \\ 0.1934 & 0.6942 & 0.1124 \\ 0.0176 & 0.1157 & 1.4801 \end{pmatrix} \begin{pmatrix} R \\ G \\ B \end{pmatrix} \tag{6.7}$$

　　在這裡，$D = 0$。下標的 P 的意思是代表用固有白色點的輝度值來正規化。

　　上列式子的逆運算之後可以得到下列的式子。

$$\begin{pmatrix} R \\ G \\ B \end{pmatrix} = \begin{pmatrix} 3.5627 & -1.6900 & -0.5481 \\ -0.9986 & 1.9328 & 0.0428 \\ 0.0357 & -0.1310 & 0.6788 \end{pmatrix} \begin{pmatrix} X \\ Y \\ Z \end{pmatrix}_P \tag{6.8}$$

6.2.3　次要組 3 原色的 xyY 色彩空間的分佈

表 6.2 是表示 4 原色螢幕的次要組 DGB 的 3 原刺激，以及固有白色點的色度座標。固有白色點的色度座標，是 $D=G=B\neq0$，$R=0$ 的時候，螢幕顯示色彩的色度座標。

在多原色系統和 3 原色同樣地也只有 1 個白色點，此白色點分配在主要組之中。這裡對於次要組的 3 原色使用白色點之用語的理由，是為了將 3 原色的加法混色理論沿用在次要組的 3 原色之中。因此，次要組的白色點，用次要組的 3 原色的 xyY 分佈的峰值位置來理解即可。

表 6.2 的參數代入到式(3.14)和式(3.17)後，可以得到下列的係數，

$$\begin{pmatrix} S_D \\ S_G \\ S_B \end{pmatrix}_P = \begin{pmatrix} 1.2868 \\ 0.6592 \\ 1.0674 \end{pmatrix} \tag{6.9}$$

將這些係數代入到式(3.11)後，可以求得下列的式子。

表 6.2　次要組 DGB 的 3 原刺激、以及固有白色點的色度座標

色度座標	原色 R	原色 G	原色 B	固有白色點
x	0.120	0.300	0.150	0.1700
y	0.420	0.600	0.060	0.3318
$z=1-x-y$	0.460	0.100	0.790	0.4982

$$\begin{pmatrix} X \\ Y \\ Z \end{pmatrix}_P = \begin{pmatrix} 0.1544 & 0.1977 & 0.1601 \\ 0.5405 & 0.3955 & 0.0640 \\ 0.5919 & 0.0659 & 0.8433 \end{pmatrix} \begin{pmatrix} D \\ G \\ B \end{pmatrix} \tag{6.10}$$

在此，$R=0$。下標的 P 是代表用固有白色點的輝度值來正規化的意思。

上列式子的逆運算之後可以得到下列的式子。

$$\begin{pmatrix} D \\ G \\ B \end{pmatrix} = \begin{pmatrix} -5.1808 & 2.4575 & 0.7970 \\ 6.5741 & -0.5576 & -1.2059 \\ 3.1227 & -1.6815 & 0.7206 \end{pmatrix} \begin{pmatrix} X \\ Y \\ Z \end{pmatrix}_P \tag{6.11}$$

6.2.4   多原色 xyY 色彩空間的分佈

圖 6.2 所表示的是式(6.7)與式(6.10)的 xyY 分佈。圖 6.2 的 P 是主要組 RGB 3 原色的固有白色點，P_1 是次要組 DGB 3 原色的固有白色點。

式(6.7)與式(6.10)，是利用各 3 原色組的固有白色點的輝度值正規化之 Y 來求出的關係，於當作兩組邊界的 BG 線，輝度 Y 分佈變成不連續的。多原色的 xyY 空間分佈的產生，首先必須要有統一後的輝度基準。在這裡以主要組的 RGB 3 原色的白色點輝度值當作基準。

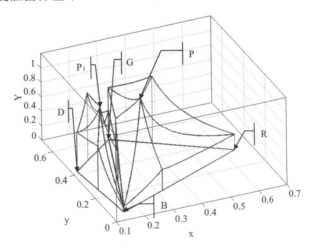

圖 6.2　RGB 組（紅色）與 DGB 組（藍色）的 xyY 空間分佈
（用各組的固有白色點的輝度值來正規化之結果）

統一兩組的 xyY 分佈，將次要組的 DGB 3 原色，用該邊界的 GB 線調整至如同主要組的 RGB 3 原色相同之 xyY 分佈即可。調整係數是將式(6.7)之第 2、3 列的任億元素之值，用式(6.10)相同位置的原色之值來相除，可以簡單地求出。例如，同在第 2 列的第 2 元素相除後，可以得到(0.6942 / 0.3955 = 1.7552)。

使用此係數，利用如同下列的縮放處理，次要組 DGB 3 原色的 xyY 分佈變成和主要組 RGB 3 原色的 xyY 分佈相同的輝度基準，於邊界的 GB 線之不連續性也被消除了。

$$\begin{pmatrix} X \\ Y \\ Z \end{pmatrix}_P = 1.7552 \times \begin{pmatrix} 0.1544 & 0.1977 & 0.1601 \\ 0.5405 & 0.3955 & 0.0640 \\ 0.5919 & 0.0659 & 0.8433 \end{pmatrix} \begin{pmatrix} D \\ G \\ B \end{pmatrix} \tag{6.12}$$

整理上列式子後，可以得到接下來的式子。

$$\begin{pmatrix} X \\ Y \\ Z \end{pmatrix}_P = \begin{pmatrix} 0.2710 & 0.3471 & 0.2810 \\ 0.9486 & 0.6942 & 0.1124 \\ 1.0389 & 0.1157 & 1.4801 \end{pmatrix} \begin{pmatrix} D \\ G \\ B \end{pmatrix} \tag{6.13}$$

上列式子在 $D = G = B = 1$ 的時候，變成 $Y \neq 1$ 的關係，可以瞭解到基準輝度改變了。但是 $D = G = B$ 的時候，由式(6.10)與式(6.13)所得到的 xy 色度座標是相同的。

為了驗證，$R = D = 0$、$G = B \neq 0$ 代入式(6.7)與式(6.13)後，可知道由式(6.7)與式(6.13)可以得到相同的 XYZ 值。

另外，從上列的式子的逆運算可以得到下列式子。

$$\begin{pmatrix} D \\ G \\ B \end{pmatrix} = \begin{pmatrix} -2.9517 & 1.4002 & 0.4541 \\ 3.7456 & -0.3177 & -0.6871 \\ 1.7792 & -0.9580 & 0.4106 \end{pmatrix} \begin{pmatrix} X \\ Y \\ Z \end{pmatrix}_P \tag{6.14}$$

因為圖 6.3 表示的是式(6.7)與式(6.13)的 xyY 分佈，P 點是主要組 RGB 3 原色的固有白色點，P_2 是次要組 DGB 3 原色的固有白色點。

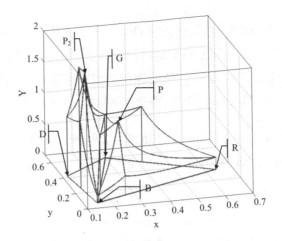

圖 6.3　RGB 組（紅色）與 DGB 組（藍色）的 xyY 空間分佈
（用 RGB 的固有白色點的輝度值正規化後的結果）

對於次要組 DGB 的 3 原色之式(6.13)的 DGB ⇒ XYZ 轉換，輝度基準被統一
於主要組的基準中。實際的 DRGB ⇒ XYZ 轉換，由接下來的 2 個式子來表示。

$$\begin{pmatrix} X \\ Y \\ Z \end{pmatrix}_P = L_C \times \begin{pmatrix} 0.3751 & 0.3471 & 0.2810 \\ 0.1934 & 0.6942 & 0.1124 \\ 0.0176 & 0.1157 & 1.4801 \end{pmatrix} \begin{pmatrix} R \\ G \\ B \end{pmatrix} \tag{6.15}$$

$$\begin{pmatrix} X \\ Y \\ Z \end{pmatrix}_P = L_C \times \begin{pmatrix} 0.2710 & 0.3471 & 0.2810 \\ 0.9486 & 0.6942 & 0.1124 \\ 1.0389 & 0.1157 & 1.4801 \end{pmatrix} \begin{pmatrix} D \\ G \\ B \end{pmatrix} \tag{6.16}$$

在此，L_C 是 $R = G = B = 1$，$D = 0$ 之下的螢幕的實測輝度值。

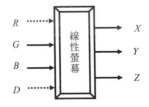

圖 6.4　多原色螢幕的固有色彩的表現
（RGB 主要組/D＝0，DGB 次要組/R＝0）

　　根據 3 原色的混色理論，超過白色點的輝度值不存在。以此四色螢幕的白色點當作圖 6.3 中主要組 RGB 的白色點後，在次要組的 xyY 分佈中，存在有超過此白色點的輝度。這些的輝度僅表現在 4 色螢幕的表現能力，對於用途則沒有確定。例如，P 為 D65 的話，由 3 原色理論產生的 sRGB 訊號，超過此白色點的輝度值在 xyY 部分不存在。

　　圖 6.4 所表示的是式(6.15)與式(6.16)的色彩表現的方法。對於螢幕的固有白色點，輸入主要組的 RGB 與次要組的 DGB 後，螢幕上能夠表現的色彩，表示為輸出 (X, Y, Z) 。

6.2.5　主要組 3 原色的白平衡調整方法

　　白色移至 D65，式(6.7)的 3 原色訊號乘上係數後可以實現。這個係數是以式(5.24)到式(5.27)，如下所求得的。

$$\begin{pmatrix} K_R \\ K_G \\ K_B \end{pmatrix} = \begin{pmatrix} 1.0993 \\ 1.0303 \\ 0.6422 \end{pmatrix} \tag{6.17}$$

上列的係數乘上式(6.7)整理過後，對於白色點 D65 主要組的 3 原色 RGB⇒XYZ 轉換式則如下。

$$\begin{pmatrix} X \\ Y \\ Z \end{pmatrix}_{D65} = \begin{pmatrix} 0.4124 & 0.3576 & 0.1805 \\ 0.2126 & 0.7152 & 0.0722 \\ 0.0193 & 0.1192 & 0.9505 \end{pmatrix} \begin{pmatrix} R \\ G \\ B \end{pmatrix}_D \tag{6.18}$$

由上列式子的逆運算，XYZ⇒RGB 轉換式如下可以求得。

$$\begin{pmatrix} R \\ G \\ B \end{pmatrix}_D = \begin{pmatrix} 3.2406 & -1.5372 & -0.4986 \\ -0.9689 & 1.8758 & 0.0415 \\ 0.0557 & -0.2040 & 1.0670 \end{pmatrix} \begin{pmatrix} X \\ Y \\ Z \end{pmatrix}_{D65} \tag{6.19}$$

6.2.6　次要組 3 原色的白平衡調整方法

式(6.14)的次要組的 DGB⇒XYZ 轉換，是配合主要組的固有白色點的輝度值調整過的結果。在 6.2.5 節主要組的白色點由固有白色點移至 D65 的關係，對於次要組，需要配合主要組進行調整。

調整處理是透過式(6.20)進行。為了將主要組 RGB 與次要組 DGB 之邊界 BG 線的 xyY 分佈變成連續，對於式(6.13)的 G 與 B 訊號，分別乘上式(6.17)的 K_G、K_B 進行處理。

$$\begin{pmatrix} X \\ Y \\ Z \end{pmatrix}_{D65} = \begin{pmatrix} 0.2710 & 0.3471 \times K_G & 0.2810 \times K_B \\ 0.9486 & 0.6942 \times K_G & 0.1124 \times K_B \\ 1.0389 & 0.1157 \times K_G & 1.4801 \times K_B \end{pmatrix} \begin{pmatrix} D \\ G \\ B \end{pmatrix}_D \tag{6.20}$$

整理式(6.20)後，DGB⇒XYZ 轉換如下列。

$$\begin{pmatrix} X \\ Y \\ Z \end{pmatrix}_{D65} = \begin{pmatrix} 0.2710 & 0.3553 & 0.1642 \\ 0.9484 & 0.6506 & 0.0657 \\ 1.0388 & 0.1084 & 0.8647 \end{pmatrix} \begin{pmatrix} D \\ G \\ B \end{pmatrix}_D \tag{6.21}$$

上列式子的逆運算：XYZ⇒DGB 轉換用下列式子來表示。

$$\begin{pmatrix} D \\ G \\ B \end{pmatrix}_D = \begin{pmatrix} -2.9517 & 1.4002 & 0.4541 \\ 3.9964 & -0.3389 & -0.7331 \\ 3.0454 & -1.6398 & 0.7028 \end{pmatrix} \begin{pmatrix} X \\ Y \\ Z \end{pmatrix}_{D65} \tag{6.22}$$

6.2.7　多原色的白平衡的調整方法

若是重現顏色 $(X，Y，Z)$ 在 RGB 色域之內，由式(6.19)可以得到 RGB/D＝0，DGB 色域之內的話，由式(6.22)可得到 DGB/R＝0。

這些的 RGB/D＝0，或 DGB/R＝0 輸入至圖 6.5 的螢幕後，顏色 $(X，Y，Z)$ 能夠正確地重現。

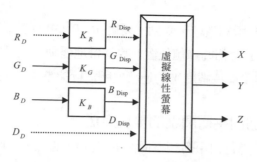

圖 6.5　多原色螢幕的白色點調整的表現
（RGB 主要組/D＝0，DGB 次要組/R＝0）

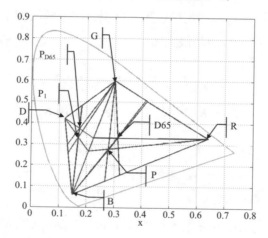

圖 6.6　固有白色點（紅色）與 D65（藍色）的 xy 色度分佈

　　這裡省略了由式(6.18)與式(6.21)描繪出如圖 6.3 的 xyY 分佈。取而代之的是，圖 6.6 所表示之白平衡調整前後的 xy 色度圖。對於固有白色點式(6.7)與(6.10)為紅色的線，對於 D65 的白色點之式(6.18)與式(6.21)是藍色的線來表示。

　　圖 6.6 的 P 點是主要組 RGB 的固有白色點的位置，P_1 點是次要組 DGB 的固有白色點的位置。D65 點是白色點調整後的主要組 RGB 的白色點的位置，P_{D65} 點是配合主要組 RGB 的白色點所調整後，次要組的白色點之位置。

另外，如圖 6.6 所知道地，受到主要組 RGB 的白色點移動的影響，次要組 DGB 的白色點（xyY 分佈的峰值位置）也連帶地變動。這是主要組 RGB 與次要組 DGB 的邊界，爲了保持輝度 Y 的連續性所進行調整的結果。

6.2.8　多原色的白平衡調整的實現方法

圖 6.5 中，雖然進行白平衡調整但使用式(6.17)的係數，因爲這當中存在有大於 1 的值，依照這樣的組成是無法實現的。

透過第 5 章所描述過的指定白色點的實現方法，解決如下列的問題。首先，從式(6.17)的係數之中，算出其最大值。

$$K_m = \max (K_R, K_G, K_B) = K_R = 1.0993 \tag{6.23}$$

接著，係數 K_R、K_G、K_B 以 K_m 相除，此結果用 K_r、K_g、K_b 來表示。

$$\begin{pmatrix} K_r \\ K_g \\ K_b \end{pmatrix} = \begin{pmatrix} K_R \\ K_G \\ K_B \end{pmatrix} \div K_m = \begin{pmatrix} 1.0000 \\ 0.9372 \\ 0.5842 \end{pmatrix} \tag{6.24}$$

最後，利用上列式子的係數，以如同圖 6.7 的組成，實現 4 原色系統的白平衡調整。

A. 主要組 RGB 的色彩的重現範圍

將主要組的 RGB/D＝0 輸入至圖 6.7，確認能夠重現的色彩。第 5 章所描述過的 3 原色的色彩重現手法，爲了適用於圖 6.7 的多原色系統的主要組，式(6.18)以 K_m 相除後，可以得到下列式子。

$$\begin{pmatrix} X \\ Y \\ Z \end{pmatrix}_{D65} = \frac{1}{K_m} \times \begin{pmatrix} 0.4124 & 0.3576 & 0.1805 \\ 0.2126 & 0.7152 & 0.0722 \\ 0.1933 & 0.1192 & 0.9505 \end{pmatrix} \begin{pmatrix} R \\ G \\ B \end{pmatrix}_D \tag{6.25}$$

另外，如同由圖 6.7 所得知的，對於主要組的固有白色點 RGB ⇒ XYZ 轉換：式(6.7)乘上式(6.24)的係數後，變成和式(6.25)相同結果。

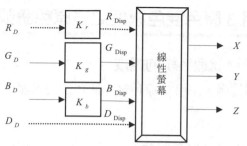

圖 6.7　多原色螢幕的白色點調整方法
（RGB 主要組/D＝0，DGB 次要組/R＝0）

$$\begin{pmatrix} X \\ Y \\ Z \end{pmatrix}_{D65} = \begin{pmatrix} 0.3751 & 0.3471 & 0.2810 \\ 0.1934 & 0.6942 & 0.1124 \\ 0.0176 & 0.1157 & 1.4801 \end{pmatrix} \times \begin{pmatrix} K_r & 0 & 0 \\ 0 & K_g & 0 \\ 0 & 0 & K_b \end{pmatrix} \begin{pmatrix} R \\ G \\ B \end{pmatrix}_D \qquad (6.26)$$

整理式(6.25)與式(6.26)後，得到如下。

$$\begin{pmatrix} X \\ Y \\ Z \end{pmatrix}_{D65} = \begin{pmatrix} 0.3751 & 0.3253 & 0.1642 \\ 0.1934 & 0.6506 & 0.0657 \\ 0.0176 & 0.1084 & 0.8647 \end{pmatrix} \begin{pmatrix} R \\ G \\ B \end{pmatrix}_D \qquad (6.27)$$

式(6.27)所表示的是主要組 RGB 的色彩的重現範圍。

B. 次要組 RGB 的色彩的重現範圍

次要組的 DGB/R＝0 輸入至圖 6.7 後，該重現的色彩如同圖 6.7 所得知，式(6.13)乘上式(6.24)的 K_g 與 K_b 後，進行下列的處理即可求得。

$$\begin{pmatrix} X \\ Y \\ Z \end{pmatrix}_{D65} = \begin{pmatrix} 0.2710 & 0.3471 \times K_g & 0.2810 \times K_b \\ 0.9486 & 0.6942 \times K_g & 0.1124 \times K_b \\ 1.0389 & 0.1157 \times K_g & 1.4801 \times K_b \end{pmatrix} \begin{pmatrix} D \\ G \\ B \end{pmatrix}_D \qquad (6.28)$$

整理上列式子後，DGB ⇒ XYZ 轉換如下列所表示。

$$\begin{pmatrix} X \\ Y \\ Z \end{pmatrix}_{D65} = \begin{pmatrix} 0.2710 & 0.3253 & 0.1642 \\ 0.9486 & 0.6506 & 0.0657 \\ 1.0389 & 0.1084 & 0.8647 \end{pmatrix} \begin{pmatrix} D \\ G \\ B \end{pmatrix}_D \qquad (6.29)$$

以上為次要組 DGB 的色彩重現範圍之表示式。

6.3　利用 3 原色混色原理之多原色訊號處理技術

6.3.1　多原色訊號處理系統的組成

　　圖 6.8 是本章描述過，使用 3 原色之多原色訊號處理技術所組成的多原色訊號處理系統。

　　圖 6.8 的輸入訊號是用色彩的 (X, Y, Z) 值。此值轉換為 RGB/D＝0 或 DGB/R＝0 之值後，輸出至螢幕，重現色彩 (X, Y, Z)。該選擇主要組的 RGB/D＝0 與次要組的 DGB/R＝0 哪一個來重現色彩，由色彩重現的評估部分來負責。圖 6.8 的處理內容將如下進行詳細地說明。

6.3.2　從 3 原色 XYZ 至多原色的轉換處理

A.　從 XYZ 至 RGB 的轉換處理

　　這裡假設輸入訊號的 XYZ 是用 D65 白色點的輝度值進行正規化。從式(6.19) 可以求出 RGB 的值，此時設定 $D＝0$。

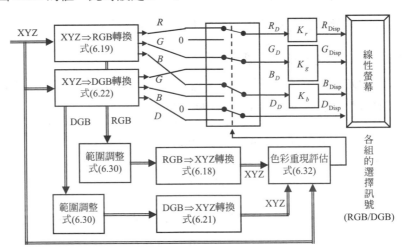

圖 6.8　多原色訊號處理系統的組成

B.　從 XYZ 至 DGB 的轉換處理

　　使用式(6.22)可以由輸入的 XYZ 訊號求出 RGB 之值，此時設定 R＝0。

6.3.3　多原色值的範圍之調整處理

於 6.3.2 節所得 RGB/D＝0，以及 DGB/R＝0，乘上式(6.24)的係數然後輸入至螢幕。

螢幕所能夠接受的訊號 RGBD 之範圍，因為是在 0 至 1，對於各訊號，如同滿足式(6.30)地進行箝制處理。

$$R_{\min} \leq R \leq R_{\max}$$
$$G_{\min} \leq G \leq G_{\max}$$
$$B_{\min} \leq B \leq B_{\max} \quad\quad\quad (6.30)$$
$$D_{\min} \leq D \leq D_{\max}$$

在此 RGBD 各訊號的上限值，以及下限值，從式(6.24)的係數如下所決定。

$$R_{\min} = 0 \ , \ R_{\max} = 1/K_r$$
$$G_{\min} = 0 \ , \ G_{\max} = 1/K_g$$
$$B_{\min} = 0 \ , \ B_{\max} = 1/K_b \quad\quad\quad (6.31)$$
$$D_{\min} = 0 \ , \ D_{\max} = 1$$

若 RGB 訊號的上限值存在有大於 1 的值，圖 6.8 的系統能夠重現更廣色域的色彩。例如，表 6.1 的主要組 RGB 的色域，是和 sRGB 標準色域相同，上限值為 1 的話，主要組的 RGB3 原色能夠重現的色彩範圍，就和 sRGB 標準色域相同。但是，如同由式(6.24)與式(6.31)所知道地，GB 訊號的上限值是大於 1。這意思是在 xyY 的輝度方向，能夠表現比起 sRGB 標準色域還廣的色彩。

6.3.4　色彩重現的評估與組的選擇

輸入訊號的 XYZ，屬於主要組或次要組哪一個的判斷中，需要複雜的運算。在圖 6.8 的多原色訊號處理系統，不需判斷輸入訊號 XYZ 的歸屬，主要組的 RGB 值與次要組的 DGB 值，兩邊都進行計算。之後，由這些的重現色彩的結果與輸入訊號比較，選擇誤差較小的一方來使用。

A. 由 RGB 至 XYZ 的轉換處理

範圍處理後的 RGB 訊號代入到式(6.18)之中，求出重現色彩的 XYZ 值。在這裡，並非式(6.27)而是使用式(6.18)。這個理由是式(6.18)和輸入訊號 XYZ 一樣用相同輝度值來進行正規化的關係。

另外，如果沒有 6.3.3 節的範圍處理，因為是單純的數學運算的關係，6.3.2 節所得到的由 RGB 可以這樣地求出輸入的 XYZ。

B. 由 DGB 至 XYZ 的轉換處理

同樣地範圍處理後的 DGB 訊號代入式(6.21)後，求出重現色彩的 XYZ 值。在這裡，並非式(6.29)，使用式(6.21)的理由是和 A.之中所描述過的主要組相同的原因。

C. 色彩重現的評估基準

輸入訊號的顏色以 XYZ，由 A.和 B.所得到的重現色彩用 $X_0Y_0Z_0$ 代表時，透過下列的式子來評估色彩的重現性。

$$d = \sqrt{(X - X_0)^2 + (Y - Y_0)^2 + (Z - Z_0)^2} \tag{6.32}$$

D. 輸出結果的選擇

由 A.和 B.所得到的主要組的 RGB 值及次要組的 DGB 值，分別和輸入訊號 XYZ 一起代入式(6.32)後，可以求出表示色彩重現的誤差之 d 的值，選擇最小的 d，A.的結果 RGB/D＝0，另外 B.的結果 DGB/R＝0 進行輸出。

E. 色域外的色彩重現

在圖 6.9 的 4 原色 DRGB 的螢幕，若輸入訊號的 XYZ 在該色域內，評估基準使用式(6.32)，能夠選擇主要組的 RGB/D＝0 與次要組的 DGB/R＝0。

接著來探討輸入訊號 XYZ 在色域外的話會如何。

　　圖 6.9 的 A1 點當作輸入訊號 XYZ 的位置，對於顏色 A1 透過於 6.3.2 節所描述過的方法，可以求得主要組的 RGB 值和次要組的 DGB 值。對於這些的值，透過 6.3.3 節的方法進行範圍處理後，能夠得到可以實現的 RGB/D = 0 與 DGB/R = 0。之後，由主要組的 RGB ⇒ XYZ 轉換求出重現色彩 $X_0\,Y_0\,Z_0$，根據範圍處理的結果，能夠重現之色彩是在 RGB 的三角形上。在 RGB 三角形上最接近 A1 的點，是在 BG 線上的關係，重現色彩 $X_0\,Y_0\,Z_0$ 則是存在於此 BG 線上。

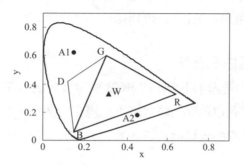

圖 6.9　色域外的色彩重現之評估

　　相同地，以次要組的 DGB，A1 重現的色彩會在 DG 線上。

　　使用式(6.32)評估後，次要組的重現色彩因為和 A1 距離近，選定次要組後，輸出值 DGB/R = 0。

　　對於圖 6.9 之中色域外的顏色 A2，主要組 RGB 的重現色彩在 RB 線上，次要組 DGB 的重現色彩在 GB 線上。透過評估結果選定主要組，輸出此結果 RGB/D = 0。

F.　其它的評估基準

　　式(6.32)的評估基準之外，可以考慮如式(6.33)與式(6.34)的評估基準。

$$d = \sqrt{(x-x_0)^2 + (y-y_0)^2 + (Y-Y_0)^2} \tag{6.33}$$

　　這裡，$x = X/(X+Y+Z)$，$y = Y/(X+Y+Z)$，$x_0 = X_0/(X_0+Y_0+Z_0)$，$y_0 = Y_0/(X_0+Y_0+Z_0)$。

　　式(6.33)為式(6.32)的變形，式(6.32)在 XYZ 色彩空間，式(6.33)在 xyY 色彩空間，透過重現色彩與輸入訊號色彩的差，來評估色彩重現的合理性。

$$d = \sqrt{(x-x_0)^2 + (y-y_0)^2} \tag{6.34}$$

　　上列的式子，因為透過輸入訊號的色彩與重現色彩的 xy 色度座標，來評估色彩重現的合理性的關係，式(6.34)與式(6.32)、式(6.33)不同，無視於輝度 Y 的值，色度座標的值 xy 為重點，進行色彩的重現。

6.3.5　多原色的色域空間

　　式(6.7)與式(6.13)是表示主要組的 RGB 與次要組的 DGB 的色彩表現能力。兩式因為是主要組的固有白色點的輝度值所正規化的關係，4 色同時驅動的時候，透過這些式子，其色彩的表現能力如下所示。

$$\begin{pmatrix} X \\ Y \\ Z \end{pmatrix}_P = \begin{pmatrix} 0.3751 & 0.3471 & 0.2810 & 0.2710 \\ 0.1934 & 0.6942 & 0.1124 & 0.9486 \\ 0.0176 & 0.1157 & 1.4801 & 1.0389 \end{pmatrix} \begin{pmatrix} R \\ G \\ B \\ D \end{pmatrix} \tag{6.35}$$

　　式(6.35)的固有白色點，和式(6.7)的主要組 RGB 的固有白色點不同。$R = G = B = D = 1$ 的時候，透過式(6.35)得到之 $Y = 1.9486$ 值，是這個 4 色螢幕能夠表示之最大的輝度。圖 6.3 的最大輝度值，用次要組 DGB 的固有白色點的輝度值，此值為 1.7552，從式(6.13)能夠求出。

　　從 xyY 分佈的最大值來看，4 色同時驅動比起 3 原色的組合之驅動，能夠得到較高的輝度。

　　在本章，以參考文獻 1 的內容為中心所介紹過，主要組和次要組的切換，與本章不同的評估基準在參考文獻 2、3 有被揭露。另外，學習基礎的多原色訊號處理方法請參閱參考文獻 4。

6.4　　多原色螢幕設計的注意事項

6.4.1　　原色的數量與色域、輝度的關係

　　圖 6.10 表示的是實際的彩色液晶像素的組成模型的 1 個單位像素。這裡爲了提高開口率，使用並非過去的 ASV(Advanced Super View)技術，而是 UV^{2}A(Ultra Violet induced multi-domain Vertical Alignment)技術。另外，以此構造，能夠改善視野角的特性之多點驅動 MPD(Multi Pixel Drive)技術是可能使用的[*5]。圖 6.10(a) 是表示 RGB3 原色的像素構造，圖 6.10(b)是表示 4 原色 RGBY 的像素構造。

　　圖 6.10(b)之中各個顏色的大小都不相同，是爲了顏色明亮度的安排。人類的肉眼看起來較暗的紅色與藍色稍微增大，看起來明亮的綠色與黃色則稍微縮小。

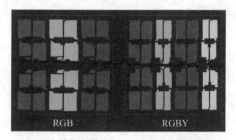

(a) 3 原色的像素構造　　(b) 4 原色的像素構造

圖 6.10　　3 原色與 4 原色的像素模型構造的比較

A.　關於原色的數量

　　直覺上原色的數量如果越多的話，則容易地實現更廣的色域。但是，對於色彩重現不僅止於色度圖上的範圍（面積），絕對輝度也是重要的一個因素。

　　由圖 6.10 所知道的，在本章介紹過的多原色的訊號處理方法，每 1 個像素 4 原色比 3 原色所能夠表現之色彩的輝度值更低。這理由是在 4 原色系統之中，僅使用主要組的 RGB 與次要組的 RBY 之中的一個。原色的數量增加越多，而輝度大爲降低，運算也更爲複雜。

從實用上的觀點，RGB 原色中的藍綠或黃色之一，若另外加上 2 原色，可以得到相當廣的色域。現在，實際所用到之多原色的原色數量有 4 和 5 兩種[*5]，對於實現廣色域而言，4 原色或 5 原色就已經足夠。

B. 關於輝度的提高

不區分主要組與次要組，運用式(6.35)的立體色彩空間，同時使用多原色的所有顏色的色彩重現演算法，能夠將輝度提高。使用有利於此的螢幕技術，在將來也是另一個選擇。

FS 彩色液晶(Field Sequential Color LCD)技術，也可稱為場序式，不使用彩色濾光片之下原色的 LED 背光燈的時間錯開依序點亮，利用人類的肉眼對於時序上的辨識能力界限，進行重現的技術[*6]。如同一般的液晶面板，因為 1 個像素不需要分割為原色數量的子像素，容易提高精細度，因為直接看見背光燈的光線，容易實現高輝度。

場序式有利於實現高輝度、廣色域，另一方面也需要高的畫面更新率。對於現在的倍頻液晶電視對應 120Hz 的畫面更新率的掃瞄速度，若是場序式的液晶，就必須要原色數量之倍數的掃瞄速度。5 原色的話就是 600Hz，這在未來雖可以實現，但於現在就算是高速反應液晶也無法應付。

6.4.2   色域的覆蓋範圍

多原色螢幕的設計上，最開始必須要決定的事情是「原色點置於何處」。這裡有兩個元素必須要考慮。其中之一是影像訊號所根據標準的色域，另外一個是物體色彩的涵蓋率。

表 6.3 所表示的是主要標準的 3 原色與白色點的色度座標。雖然是決定多原色點，但顧慮到是要包含「1 個還是數個的標準之色域」。另外要注意，對於符合表 6.3 中所沒有的 sYCC 規範、xvYCC 規範之影像訊號，能夠表現比起 sRGB 基本色域還廣的色域；bg-sRGB 標準的影像訊號的色彩，覆蓋 CIE 1931 xy 色度圖全部（圖 3.28）等等。

　　因爲世界上存在有各種色彩的物體，色域的不只有廣度，還有覆蓋的位置也是很重要。

　　M. R. Pointer 對於「孟賽爾色票，塗料、印刷用油墨用的顏料，園藝樣本，色紙，塑膠等等的物體」，分析其表面色，制訂實際存在的色彩分佈範圍[*7]。這些色彩被稱爲 Pointer 的物體色，因爲 Pointer 的物體色被用來當作色彩重現範圍的廣度表示指標，螢幕的色域爲了包含多數的 Pointer 物體色，在原色點的配置著墨來進行設計是很重要。

表 6.3　　主要標準的 3 原色與白色點的色度座標

色域名稱 [白色點]	色度座標	原色 R	原色 G	原色 B	白色點
sRGB/HDTV	x	0.640	0.300	0.150	0.3127
/SDTV [D65]	y	0.330	0.600	0.060	0.3290
NTSC (1953)	x	0.670	0.210	0.140	0.3101
[C]	y	0.330	0.710	0.080	0.3161
PAL/SECOM	x	0.640	0.290	0.150	0.3127
[D65]	y	0.330	0.600	0.060	0.3290
SMPTE-C	x	0.630	0.310	0.155	0.3127
[D65]	y	0.340	0.595	0.070	0.3290
Adobe RGB (1998)	x	0.640	0.210	0.150	0.3127
[D65]	y	0.330	0.710	0.060	0.3290

參考文獻

(1) 張小忙：夏普股份有限公司，專利申請號碼 2012-065812，"色彩轉換裝置，顯示裝置，色彩轉換方法及程式"

(2) Geert Carrein, Barco N. V.：US Patent 6262744B1, "Wide Gamut Display Driver"

(3) 金文 CHU：三星電子股份有限公司，專利 2003-208152，"多原色螢幕的色彩訊號處理裝置及處理方法"

(4) 下平美文，高矢昌紀：靜岡大學，專利 2010-187416，"色彩轉換裝置"

(5) 吉田悠一，森智彥，長谷川誠等等："多原色液晶螢幕技術 夏普技術報"，101，1-7，2010

(6) 岡本修，猪股貴道，溝口隆一，宮下哲哉，內田龍男："Micro color filter "，日本液晶學會討論會演講摘要集，330-331，1998

(7) M. R. Pointer："The gamut of real surface colours", Color Research and Application, 145-155, 1980

索引

十六劃

十七劃

十八劃

二十三劃

國家圖書館出版品預行編目資料

數位色彩工程學 / 汪建志編著. -- 初版. -- 新北
　市：全華圖書, 2014.09
　　面；　　公分
　ISBN 978-957-21-9637-3(平裝)
　1.數位科技 2.數位影像處理 3.色彩學
448.68　　　　　　　　　　　　103017637

數位色彩工程學

デジタル色彩工学

原出版社 / 共立出版株式会社

原編著 / 谷口　慶治

原著 / 張　小忙

編譯 / 汪　建志

執行編輯 / 李文菁

發行人 / 陳本源

出版者 / 全華圖書股份有限公司

郵政帳號 / 0100836-1 號

印刷者 / 宏懋打字印刷股份有限公司

圖書編號 / 06257

初版一刷 / 2014 年 10 月

定價 / 新台幣 320 元

ISBN / 978-957-21-9637-3

全華圖書 / www.chwa.com.tw

全華網路書店 Open Tech / www.opentech.com.tw

若您對書籍內容、排版印刷有任何問題，歡迎來信指導 book@chwa.com.tw

臺北總公司(北區營業處)
地址：23671 新北市土城區忠義路 21 號
電話：(02) 2262-5666
傳真：(02) 6637-3695、6637-3696

南區營業處
地址：80769 高雄市三民區應安街 12 號
電話：(07) 381-1377
傳真：(07) 862-5562

中區營業處
地址：40256 臺中市南區樹義一巷 26 號
電話：(04) 2261-8485
傳真：(04) 3600-9806

歡迎加入 全華會員

● 會員獨享
會員享購書折扣、紅利積點、生日禮金、不定期優惠活動⋯⋯等。

● 如何加入會員
填妥讀者回函卡寄回，將由專人協助登入會員資料，待收到 E-MAIL 通知後即可成為會員。

全華網路書店 全華書籍

如何購買

1. 網路購書
全華網路書店「http://www.opentech.com.tw」，加入會員購書更便利，並享有紅利積點回饋等各式優惠。

2. 全華門市、全省書局
歡迎至全華門市（新北市土城區忠義路21號）或全省各大書局、連鎖書店選購。

3. 來電訂購
(1) 訂購專線：(02) 2262-5666 轉 321-324
(2) 傳真專線：(02) 6637-3696
(3) 郵局劃撥（帳號：0100836-1　戶名：全華圖書股份有限公司）
※ 購書未滿一千元者，酌收運費 70 元。

OpenTech.com.tw 全華網路書店

全華網路書店 www.opentech.com.tw
E-mail: service@chwa.com.tw

※ 本會員制如有變更則以最新修訂制度為準，造成不便請見諒。